口絵 1　キコ（雌）

口絵 2　アンゴラ（雌）

口絵 3　パックゴート

口絵 4　ピグミーゴート（雄）

口絵 5　ナイジェリアンドワーフ（雌）

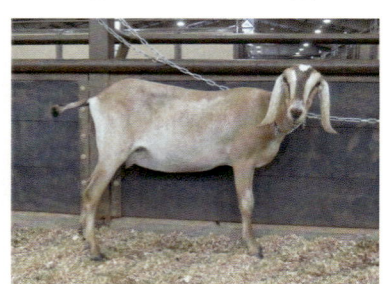
口絵 6　ヌビアン（雌）

口絵 7　ラマンチャ（雌）（Wikipedia より）

口絵 8　ボア（雄）（写真提供：沖縄県畜産研究センター）

口絵 9　ボア（雌）（写真提供：沖縄県畜産研究センター）

口絵 10　バライス・ブラックネック（雄）（Wikipedia より）

口絵 11　アメリカンアルパイン（雌）

口絵 12　オーバーハスリ（雄）

口絵 13　スパニッシュ（雌）

口絵 14　トッゲンブルグ（雄）

口絵 15　フェイントバック

口絵 16　マジョレラ

シリーズ〈家畜の科学〉
3

ヤギの科学

中西良孝
【編集】

朝倉書店

編集者

中西 良孝　鹿児島大学 農学部

執筆者（執筆順）

中西 良孝　鹿児島大学 農学部
　　　　　　（1.1節, 1.2.2項, 3章, 4章, 6章, 14章, 15.1節）
藤田　優　　前 家畜改良センター十勝牧場　（1.2.1項, 1.2.2項）
塚原 洋子　ラングストン大学 アメリカヤギ研究所　（2章, 5章）
林　義明　　名城大学 農学部　（5章）
飛岡 久弥　東海大学 名誉教授　（5章, 13章）
今井 明夫　今井農業技術士事務所　（6章, 15.2節, 15.3節）
名倉 義夫　家畜改良センター茨城牧場長野支場　（7章, 12.1節, 12.2節）
中川 敏法　九州大学 大学院農学研究院　（8章）
河原　聡　　宮崎大学 農学部　（8章, 9章, 10章）
川村　修　　宮崎大学 名誉教授　（8章）
竹之山愼一　南九州大学 健康栄養学部　（9章）
峰澤　満　　農業生物資源研究所遺伝資源センター　（11章）
羽鳥 和吉　畜産技術協会緬山羊振興部　（12.3節）
白戸 綾子　家畜改良センター個体識別部　（13章）
髙山 耕二　鹿児島大学 農学部　（14章）
安江　健　　茨城大学 農学部　（15.1節）
的場 和弘　農業・食品産業技術総合研究機構畜産草地研究所　（15.2節）
安部 直重　玉川大学 農学部　（15.3節）

序

　ヤギは反芻動物の中で最も古い家畜の1つであり，われわれ人類とともに生き，われわれの生活を支えてきた．反芻家畜の特性として，繊維が多く，人間が利用しがたい植物を反芻胃内の微生物によって消化し，乳や肉などに転換することがあげられる．遊牧地域では，ヤギの乳や肉などが貴重な動物性蛋白供給源として利用されているだけでなく，皮毛も衣料や生活必需品として利用されており，ウシ，ヒツジ，ウマあるいはラクダのいずれの遊牧であってもヤギをともなっている．また，遊牧地域以外でも，農林地や耕作放棄地における植生管理，特に除草・灌木除去の手段としてヤギが役利用されている．さらに，国や地域によっては糞の堆肥利用，移動・運搬手段としての役利用，学校教育や動物介在活動での利用などがなされている．したがって，ヤギは多目的な家畜（multipurpose livestock）といえる．

　ヤギの役利用については，適切に管理すれば優れた除草能力を発揮する反面，管理を怠り，無計画に放し飼いしたり，過放牧したりすると保護しなければならない植物に悪影響を与え，植生破壊，斜面の土砂崩壊，砂漠化などを惹起してしまうことから，植生管理においてヤギは"諸刃の剣"である．

　ヤギとヒツジはしばしば混同されがちであるが，詳しくみると染色体数が異なる（前者は60，後者は54）だけでなく，形態や行動なども異なる．毛髭（あごひげ），尻尾，食性，味覚，群集性，闘争，発情徴候など枚挙にいとまがない．このように，ヤギとヒツジはそれぞれ別の家畜であり，ヤギはヤギとして理解しなければならず，総体として把握する必要がある．

　本書はヤギを"まるごと"捉えたものであり，起源や品種にはじまり，国内外の生産システム，管理，栄養，飼料，繁殖，乳・肉・皮毛生産，遺伝，育種・改良，疾病・衛生などに加え，最近の研究と課題にまで言及している．各章とも斯界の第一線で活躍している専門家が執筆し，単独執筆であっても複数校閲制をとり，読者にわかりやすい表現を心がけた．大学生，技術者，研究者だけでなく，一般の方々にも理解していただけるようヤギに関する素朴な疑問への

回答を包含した内容となっている．ただし，自然科学的な内容が中心であり，ヤギ生産の経営や生産物の流通・消費など社会科学的な面まで敷衍して論じることができず，言葉足らずな感があることは否めない．しかしながら，それぞれの専門分野の中で畜種の差異を論じるといった従来のスタイルとは異なり，ヤギという畜種を共通のキーワードとして分野横断的に捉え，生産や飼育の現場を意識しながら書かれており，技術マニュアルとしても利用できるものと考えている．

　本書をとりまとめるには，多くの情報が必要であり，多くのヤギ関係者のご協力を得て上梓することができた．特に，執筆者の多くは，ヤギとその生産システムについて日本大学元教授の長野　實博士ならびに鹿児島大学元副学長の萬田正治博士から薫陶を受けており，両先生をはじめ，生産者や関係各位のご指導・ご助言によって本書ができ上がったものと考えている．それらの方々に衷心より感謝する．

　本書の編集者として小生を推薦していただいた京都大学大学院農学研究科教授の広岡博之博士に謝意を表するとともに，出版に当たり，ご尽力いただいた朝倉書店編集部の方々に深謝する．

2014年9月

中 西 良 孝

目　　　次

1. ヤギの起源と品種 …………………………………………………………… 1
   1.1 ヤギの起源と飼養頭数の推移 ……………………………[中西良孝]… 1
   1.2 ヤギの品種と文化 ……………………………………………………… 4
      1.2.1 品　　種 ……………………………………………[藤田　優]… 4
      1.2.2 文　　化 …………………………………[藤田　優・中西良孝]… 9
2. 世界と日本のヤギの生産システム ………………………………[塚原洋子]…11
   2.1 多目的生産システム ……………………………………………………12
   2.2 乳生産システム …………………………………………………………16
   2.3 肉生産システム …………………………………………………………17
   2.4 日本のヤギ生産 …………………………………………………………20
3. ヤ ギ の 特 徴 ……………………………………………………[中西良孝]…25
   3.1 行 動 特 性 ……………………………………………………………25
   3.2 栄 養 生 理 ……………………………………………………………26
   3.3 繁　　　殖 ……………………………………………………………27
   3.4 病　　　気 ……………………………………………………………27
   3.5 除草家畜としての利用 …………………………………………………28
   3.6 実験動物としての利用 …………………………………………………28
4. ヤ ギ の 管 理 ……………………………………………………[中西良孝]…30
   4.1 環 境 管 理 ……………………………………………………………30
   4.2 行 動 管 理 ……………………………………………………………36
   4.3 舎飼いと放牧 ……………………………………………………………42

4.4 一般管理と特殊管理……………………………………………46

5. ヤギの栄養……………………………[塚原洋子・林　義明・飛岡久弥]…51
　5.1 体　成　分……………………………………………………51
　5.2 消化と吸収……………………………………………………53
　5.3 代　　　謝……………………………………………………56
　5.4 養分要求量と飼養標準………………………………………58

6. ヤギの飼料………………………………………[今井明夫・中西良孝]…76
　6.1 飼料の種類……………………………………………………76
　6.2 飼料の調製と貯蔵……………………………………………81
　6.3 飼料の評価……………………………………………………84
　6.4 飼料衛生………………………………………………………86
　6.5 未利用資源の活用……………………………………………89

7. ヤギの繁殖………………………………………………[名倉義夫]…93
　7.1 雌の繁殖………………………………………………………93
　7.2 雄の繁殖………………………………………………………98
　7.3 最新技術………………………………………………………100

8. 乳　生　産………………………………[中川敏法・河原　聡・川村　修]…110
　8.1 泌乳生理………………………………………………………110
　8.2 搾乳，離乳および乾乳………………………………………112
　8.3 乳成分…………………………………………………………114
　8.4 乳の加工………………………………………………………119

9. 肉　生　産…………………………………………[竹之山愼一・河原　聡]…124
　9.1 産肉生理………………………………………………………124
　9.2 肉　成　分……………………………………………………128
　9.3 肉の利用・加工………………………………………………132

10. 毛・革生産 ……………………………………［河原　聡］… 135
10.1　毛の利用 …………………………………………………… 135
10.2　皮の利用 …………………………………………………… 137

11. ヤギの遺伝 ……………………………………［峰澤　満］… 140
11.1　遺伝子（型）から表現型へ ………………………………… 140
11.2　質的形質の遺伝 …………………………………………… 141
11.3　毛色の遺伝 ………………………………………………… 142
11.4　角の遺伝 …………………………………………………… 144
11.5　間性（半陰陽） …………………………………………… 144
11.6　量的形質の遺伝 …………………………………………… 145
11.7　ヤギのゲノム研究と利用 ………………………………… 149

12. ヤギの育種と改良 …………………………………………… 155
12.1　ヤギの改良増殖目標 ……………………………［名倉義夫］… 155
12.2　選抜の考え方 ……………………………………［名倉義夫］… 157
12.3　登録と能力審査 …………………………………［羽鳥和吉］… 159

13. ヤギの疾病と衛生 ……………………………［白戸綾子・飛岡久弥］… 165
13.1　健康管理と疾病 …………………………………………… 165
13.2　衛生対策 …………………………………………………… 174
13.3　放牧を前提とした衛生対策 ……………………………… 176

14. ヤギ生産と環境問題 ………………………［髙山耕二・中西良孝］… 182
14.1　有畜複合農業における位置づけ ………………………… 182
14.2　糞尿処理 …………………………………………………… 184
14.3　環境問題 …………………………………………………… 186

15. ヤギをめぐる最近の研究と課題 …………………………… 189
15.1　ヤギの行動生態学 ………………………………［安江　健・中西良孝］… 189
15.2　耕作放棄地等の植生管理 ………………………［的場和弘・今井明夫］… 197

15.3　学校教育におけるヤギ飼育とアニマルセラピー
　　　　……………………………………………［今井明夫・安部直重］…203

索　　引……………………………………………………………………211

1. ヤギの起源と品種

🫘 1.1　ヤギの起源と飼養頭数の推移

　ヤギは最初に家畜化された反芻動物の1つであり，B.C.7000〜10000年に西アジアで家畜化されたと考えられている．イヌに次いで古い家畜であり，はじめは肉用であったが，乳用家畜としての利用もウシよりも古い（ゾイナー，1983）．家畜ヤギの祖先種は西アジアの山岳地帯に現存する野生のベゾアールであり，10000〜12000年前に家畜化されたと推定されている．その後，家畜化されたベゾアールは遊牧民によって東西へ広められ，中央アジア，インド，モンゴル，中国，アフリカ大陸，アラビア半島あるいはヨーロッパ大陸などの在来種の基礎になったと考えられている（図1.1）．すなわち，東へ向かった集団はマーコール（らせん状にねじれた角を持っているのが特徴）との交雑を受け，中央アジア，インド，モンゴルまたは中国の在来種の基礎となり，西へ向かった集団はアフリカ大陸，アラビア半島またはヨーロッパ大陸の在来種の基礎となったが，アフリカ大陸へ向かった集団は途中でアイベックス（弓状で，一定間隔の結節のある角を持っているのが特徴）との交雑を受けたとされている．また，東へ向かった集団のうち，マーコールとの交雑を受けなかった（あるいはマーコール系の雑種を戻し交配した）ベゾアール型ヤギで，東アジアへ伝播したものはカンビンカチャン（Kambing Katjang：マレー語で"マメヤギ"

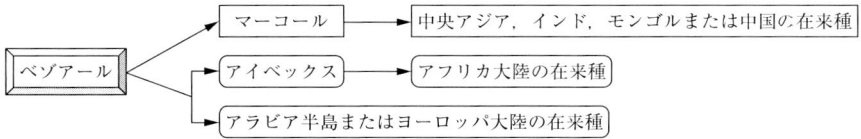

図1.1　家畜化されたベゾアールヤギの世界各地への広がり（野澤・西田，1981をもとにして作成）

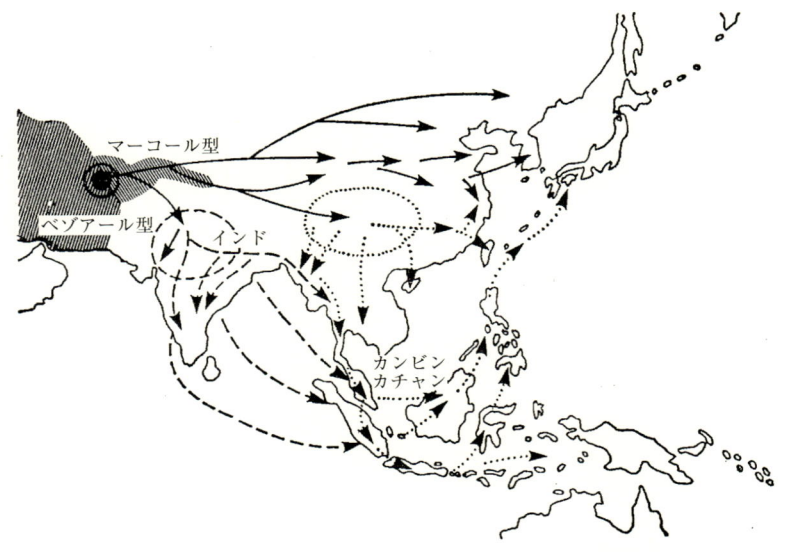

図 1.2　家畜化中心地からヤギがアジア諸地域へ伝播した経路と想定図（野澤・西田，1981 より引用）

の意）と呼ばれ，毛色によって 2 系統に分けられる（図 1.2）．一方は黒色の大陸型ヤギで，中国大陸南部，インドシナ半島北部，インド東部，韓国および台湾西部などに分布しており，もう一方は褐色または白色の島嶼型ヤギで，東南アジアの島嶼地域，台湾東部および日本の南西諸島・五島列島などに分布している．韓国在来種の黒ヤギが前者，日本在来種のトカラヤギやシバヤギが後者に当たる．台湾においてはこの 2 系統が生息し，中央に 4,000 m 級の台湾山脈が南北に走っており，東西の交流が不便であることやこの地点を境にヤギの毛色が西部の黒色から東部の褐色へと劇的に変化していることから，台湾がこれらの交叉地点であるとされている（野澤・西田，1981）．日本では，古文書による記録から江戸時代後期（1821〜1842 年）に屋代弘賢らが編纂した『古今要覧稿』の中で長崎県に白色，鹿児島県に黒色の"むくひつじ"と称されたヤギが存在していたことがうかがえる（鈴木ほか，1967；野澤，1987）．なお，長崎県のヤギには黒色の個体や白色に黒い背線を有する個体もいたことが上掲の『古今要覧稿』に記されているが，黒色個体が鹿児島県のものと同種であるかどうかは定かでない．かつて九州にいたとされるこれらのヤギのうち，長崎県の白色個体は現存するシバヤギ，鹿児島県の黒色個体は現存するトカラヤギ

の一部と同種のものと考えられているが，南西諸島に生息するトカラヤギには褐色のほか，褐白斑，黒白斑，褐色系に黒い背線を有するものもいる．シバヤギもトカラヤギも体重 20〜40 kg，体高 50 cm 前後と小型の肉用種であり，毛色以外，両者はよく似ている．一方，乳用ヤギが日本に導入されたのは 1900 年代初頭であり，その後，日本在来種との交配により改良乳用種としての日本ザーネン種が 1949 年に作出され，長野県や群馬県などを中心にして全国的に飼育が広まった．

現在の家畜ヤギは形態的にベゾアール型（ヨーロッパの乳用種，アフリカや東南アジアの小型肉用在来種など小型の耳が直立し，角がねじれていないヤギ），サバンナ型（インドや西アジア乾燥地帯の毛用種など下垂した耳とねじれた角を持つヤギ）およびジャムナパリ型（インドのジャムナパリやアフリカのヌビアンなど鼻梁が凸隆し，耳が長く下垂したヤギ）の 3 つに大別されている（野澤・西田，1981）．

ヤギは優れた環境適応力を持ち，草本植物に乏しい乾燥地帯や山岳地帯においても生存可能であるため，極地を除き，世界に広く分布している．世界のヤギ飼養頭数は 2000 年に 7.5 億頭，2005 年に 8 億頭，2010 年に 9 億頭をこえ，年々増加しており，そのほとんど（約 96％）はアジア，アフリカおよび南アメリカなどの開発途上国に分布している（FAO，2012）．ヤギは開発途上国において乳・肉・皮毛の供給源として生活および農業生産上重要な役割を果たしているだけでなく，開発国においても乳加工，農林地や未利用地の植生管理，学

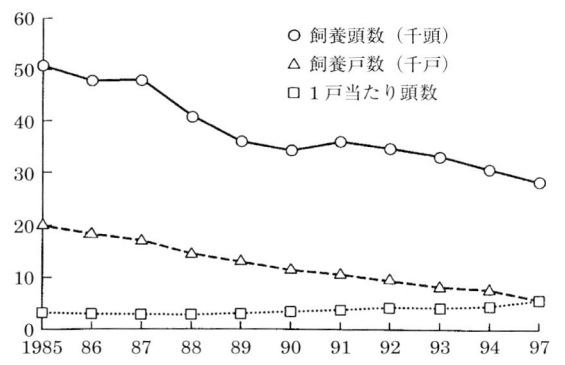

図 **1.3** 1985〜1997 年における日本のヤギ飼養頭数および戸数の推移
（農林水産省，1998 をもとにして作成）

表 1.1　1998～2002 年における日本のヤギ飼養頭数の推移

	1998	1999	2000	2001	2002
日本ザーネン種[1)	4,020	4,372	3,850	3,748	4,012
その他[2)	16,735	15,615	17,284	17,793	17,890
計	20,755	19,987	21,134	21,541	21,902

中央畜産会（2002）をもとにして作成．
1)　雄は種雄ヤギ，雌は 2 歳以上．
2)　シバヤギ，トカラヤギおよび日本ザーネン種との交雑種を含む．

校教育やアニマルセラピー（癒し効果），動物実験などのために汎用されていることから，世界で最も重要な家畜の 1 つとして位置づけられている．わが国では，1957 年に乳用種と肉用種を合わせて約 76 万頭（沖縄県を含む）が飼育されていたが，その後，1961 年の農業基本法による農業生産構造の変化と飼育目的の特化を契機として激減し，1975 年に約 11 万頭，1997 年に 3 万頭以下，それ以降は 2 万頭前後で推移している（図 1.3 および表 1.1）．　　〔中西良孝〕

1.2　ヤギの品種と文化

1.2.1　品　　種

FAO（2000）によると，ヤギの品種は 570 種あるとされており，その地域別内訳はヨーロッパ 187 種，アジア・太平洋 146 種，アフリカ 89 種，中近東 94 種，北米 20 種および南米 34 種となっている．これらをどう分類するかについては，乳用や肉用として用途で分けるか，体の大きさで分けるか，耳や角の形状，毛色など形態で分けるか，繁養地域・原産地域で分けるかなど非常に難しい．一般的には，用途で分けられることが多いので，それで分けたうえで，体の大きさや外貌の違いについての補足説明を加えつつ，主要な品種を紹介する形にしたい．

a．用途による分類

1）肉用種　　世界的にみて，ヤギの用途は肉用としての利用がほとんどであるが，いわゆる肉専用種として改良や選抜が行われているのはアメリカだけといってもよく，そこではボア（Boer）種のほか，キコ（Kiko）種（口絵 1），スパニッシュ（Spanish）種（やや固定性が乏しい品種．口絵 13），テネシーフェインティングゴート（Tennessee Fainting goat）（マイオトニック

（Myotonic）種とも呼ばれる），サバンナ（Savannah）種といった肉専用種が存在し，登録も行われている．新しい乳肉兼用種としては，2004 年にピグミーゴート（Pygmy goat）（口絵 4）とヌビアン（Nubian）種（口絵 6）との交雑種であるキンダー（Kinder）種ができている．

　アジアのヤギは基本的にすべてが肉用種で，乳量の多いものが乳肉兼用種と位置づけられている程度であり，いわゆる在来種として現地の環境の中で強健性の高いものが自然選抜されてきている．これらは肉用種とはいいながらもインドの乳肉兼用種であるジャムナパリ（Jamnapari）種やビータル（Beetal）種などを除けばほとんどのものが小型である．これには意味があり，冷蔵設備がない亜熱帯熱帯アジア，特に地方では，肉屋の店先にヤギをつないでおき，注文により随時屠殺するということが行われているため，屠殺後にすべての肉を売りさばくことができるだけの肉量であること，また祭事などで屠殺した場合に家族で食べ切れるだけの肉量であることが重要なのである．

　2）乳用種　スイス系のザーネン（Saanen）種，トッゲンブルグ（Toggenburg）種（口絵 14），アルパイン（Alpine）種（口絵 11）の 3 品種および乳脂率の高いヌビアン種を含めれば世界 4 大乳用種といえる．そのほかとしてはラマンチャ（LaMancha）種（口絵 7）がアメリカではポピュラーな品種となっている．なお，ヤギの乳量の世界記録は 365 日乳量で 4,086.9 kg であり，これは 1998 年にアメリカでトッゲンブルグ種が記録している．

　3）毛用／毛皮用種　ヤギ毛としてはアンゴラ（Angora）種（口絵 2）の毛の「モヘア」とカシミヤ（Cashmere）種の「カシミヤ」が代表的である．カシミヤを生産するのはカシミヤ種だけでなく，多くの品種が寒冷時に下毛としてカシミヤを生産することが知られている．また，面白いことにカシミヤは下毛であるので，主に冬に伸びるのに対して，モヘアは夏によく伸びるという違いがある．

　アメリカではアンゴラ種とナイジェリアンドワーフ（Nigerian Dwarf）（口絵 5）を交配してできたナイゴラ（Nigore）種といった新しい毛用の品種も 2006 年にできており，品種としては成立していないが，アンゴラ種とピグミーゴートの交配種であるピゴラ（Pygora）種やカシミヤとアンゴラの交配種であるカシゴラ（Cashgora）種というものもある．毛皮用としては専用種があるわけではないが，レッドソコト（Red Sokoto）種（マラディ（Maradi）種とも呼

4） 実験用および愛玩用の品種

i） 実験用： ヤギは反芻家畜であることから，ウシのモデル動物として実験に用いられることが多い．わが国の東京大学農学部附属牧場で造成されたシバヤギについては，遺伝的均一性が高く，周年繁殖であり，産子数も多いため，さまざまな研究に用いられている．

ii） 愛　玩： 小型のヤギであるピグミーゴートやナイジェリアンドワーフ種はアメリカで愛玩用として飼われていることが多いが，これらの中には，乳量の多い個体もおり，2〜3 L/日であるとされる．

5） その他の用途　パックゴート（口絵3）のようにトレッキングの際に荷物を運ばせる使役ヤギには特定の品種が用いられたり，専用種が造成されているわけではないが，体が大きく従順であることから，乳用種を去勢したものが使用されたりすることが多いようである．一般的に，ヤギは体重の 1/5〜1/3 の荷物を運ぶことができるとされている．

b．大きさによる分類

大きさについては，体高をベースに大型，小型および矮性に分けられ，おおよその大きさは表 1.2 のとおりとなっている．ここで，面白いのは矮性の品種でもピグミーゴート（口絵4）のように軟骨形成不全性の矮性のものとナイジェリアンドワーフ（口絵5）のように下垂体性形成不全のものとに分かれることである．前者の体は小さいが，頭は大きいというアンバランスな体型になるのに対して，後者は頭と体の大きさのバランスがとれたまま大きくなれないような体型となるという違いがある．

表 1.2　体格によるヤギの分類

分　類	体高 [cm]	体重 [kg]	品　種
大型種	65≤	20〜63	スイス系乳用種（ザーネン，トッゲンブルグ，アルパイン），ボア，ジャムナパリ
小型種	51〜65	19〜37	アンゴラ，カンビンカチャン，クリオロ（Criollo），レッドソコト
矮性種	50≥	18〜25	ピグミー，ナイジェリアンドワーフ，ブラックベンガル（Black Bengal）

Devendra and McLeroy（1982）をもとにして作成．

c. 外貌による分類

1）耳の形状　一般的な耳の形状としては，ヌビアン種（口絵6）のように垂れたもの，ザーネン種のように直立しているもの，テネシーフェインティングゴートのように両者の中間に位置する水平に近いもの，ラマンチャ種（口絵7）のように耳殻がほとんどないものに分かれる．

2）鼻梁　ヌビアン種に代表されるように，鼻梁が上方に湾曲（凸隆）している，いわゆるローマンノーズ（鷲鼻）のものとザーネン種のように鼻梁がまっすぐのものがあるが，品種内でも若干の違いがみられる．

3）肉髯　スイス系の乳用種の特徴として首や顎，場合によっては耳に肉髯が片方または両方にあり，片方にせよ，両方にせよ遺伝的には肉髯があるものが単純優性である．付着位置は通常，喉であるが，耳下にあるものもごくまれに見かける．

4）角　角については，形状および大きさに違いがみられ，雄と雌との間においてもかなりの違いがみられる．一般的には，ヤギの祖先といわれるベゾアールやアイベックスに由来する後方へ弓形に伸びているものが多いが，もう一方の祖先とされ，ねじれた角を持つマーコールの角の遺伝子を強く受け継いだジルジェンタナ（Girgentana）種のように，まっすぐで2回転ねじれているものや中間タイプとしてキコ種のように側方に1回転ねじれているものが存在する．また，無角のヤギも個体としては存在するが，ヒツジのように無角の品種は存在しないといわれる．

5）毛色　毛色は黒，白，茶など単色のものやこれらが混ざったり，斑紋となったりするものがみられ，品種として固定されているものもあれば，品種内で多様な毛色のあるものも存在する．毛色パターンとして，スイス由来のヤギにおいてみられる目の上から鼻にかけて独特な白い（または薄い毛色の）縞が入る「スイスマーキング」を持つものとしては，トッゲンブルグ種（口絵14）やアルパイン種が代表的である．

　ザーネン種の毛色は白またはクリーム色であるが，アメリカではこれらから生まれた有色の個体を分離し，2005年から黒いという意味であるセイブル（Sable）種として認められるようになっている．この品種の毛色はアルパイン種に似たものが多いが，多様であり，ブラック（黒）ザーネンと呼ばれる黒色のものも含まれる．

ゴールデンガーンジー（Golden Guernsey）種はその名のとおり黄褐色（金色）から赤褐色の毛色をしており，やや長毛の乳用種で乳脂率が高いことが知られている．

毛色パターンとして独特なものについて紹介すると，ボア種（口絵 8, 9）は若干のバリエーションはあるが，体が白色，頭部は褐色で顔の正面が白く，ウサギのダッチ種に似た毛色パターンを持っている．また，バライス・ブラックネック（Valais Blackneck）種（口絵 10）が胴体の真ん中より首側が黒色で尾側が白色というパターンになっているのに対して，バゴット（Bagot）種はこれによく似ているが，肩より首側が黒色で肩より尾側が白色というパターンである．

d. その他の特徴を持つヤギ

肉用種であるテネシーフェインティングゴートのように驚いたときに筋肉がけいれんして倒れるという筋ジストロフィーの遺伝子を持つ品種もある．

e. 野生化ヤギ

ヤギはその高い生存能力や適応性のために野生化しやすく，オーストラリアの野生化ヤギは 400 万頭に達するといわれている．これらは主に肉用として利用されているほか，選抜や交配により毛用種として利用されているものもある．わが国においても小笠原諸島に 1830 年以降，数回にわたって持ち込まれたアメリカ産のヤギなどが野生化して増加したという事実があり，八丈小島などにおいて昭和 40 年代に置き去りにされたヤギがその後，野生化して増加した事例がある．

f. 絶滅の危機に瀕している品種

アメリカ家畜品種保護団体（ALBC：1977 年設立）が優先して保護すべきだとしているヤギの品種は表 1.3 のとおりである．

ここで，危機的状況にあるとされるアラパワ種およびサンクレメンテ種はい

表 1.3　保護対象ヤギ品種

状　況	品　種
危機的状況	アラパワ（Arapawa），サンクレメンテ（San Clemente）
要監視	テネシーフェインティングゴート，スパニッシュ
回復中	ナイジェリアンドワーフ，オーバーハスリ（Oberhasli）
調査中	ゴールデンガーンジー

ずれも小さな島で野生化し，増殖したヤギであり，増えすぎたため，駆除されたことにより一時絶滅しかけたものである．　　　　　　　　　　〔藤田　優〕

1.2.2 文　　化

　ヤギは家畜化された最初の反芻獣といわれるように，家畜化の歴史は非常に古いことから，その利用範囲は広く，肉用，乳用，毛用，毛皮用，堆肥生産用，愛玩用，実験用，農地・遊休地植生管理用，使役用として利用されるだけでなく，遊牧地域においては羊群に混ぜて群のコントロールに使用されたり，資産として保有されたり，宗教・祭事の生け贄などにも使用されてきた．

　しかしながら，そもそも農耕民族である日本においては，欧米ほど家畜全般の文化は深いわけではなく，動物観や宗教観も異なるため，わが国でのヤギの利用は沖縄における肉，本州における乳などに限定されている．上述した用途とは別に，ヤギの生体とその生産物が人間社会において文化的役割を果たしており，その例をいくつか紹介する．

a. 闘ヤギ（娯楽・観賞）

　わが国の沖縄（瀬底島）において，直径5mの土俵内で雄ヤギどうしが15分の制限時間内で戦う「ヒージャーオーラセー（闘ヤギ）」が観光イベントとして毎年5月と11月に行われている．この雄畜を戦わせるということは，わが国は別として，発展途上国の家畜改良にとっては重要な意味を持っている．発展途上国では，一般的に，発育のよい家畜（特に雄）は高く売れることから，優先的に販売され，発育の悪いものが残される傾向がある．その結果，発育の悪い雄が種畜となってしまい，その子孫が残るという，いわゆる逆選抜が行われることが多い．しかし，雄畜を戦わせて勝利するためには，より体が大きく，力の強い個体を残し，選抜するということに神経が注がれることとなり，その結果，肉畜としての改良が知らず知らずのうちに行われることを意味するのである．

b. 薬膳（食文化）

　韓国では，在来の黒ヤギの肉が健康食品や薬膳として位置づけられ，滋養強壮，婦人病対策，冷え性対策などの効果を期待して消費されてきたが，近年，薬膳用から日常食用へシフトしている（平川，2009）．ただし，高血圧症患者にとってヤギ肉は好ましくないといわれている．一方，わが国の沖縄・奄美地方では，祝いごとの会席や薬膳としてヤギの肉が食され，特に雄ヤギが珍重さ

れる．しかし，最近の若年層にはヤギ肉を食べる習慣が減っており，食文化の継承が危ぶまれている（平川，2003）．沖縄県の伝統的郷土料理としてヤギ肉料理を遺すためには，今後，ヤギ肉の潜在価値を見いだし，長所をアピールするとともに，若年層にも受け入れられるような加工法や調理法を模索することが課題である．

c. 打楽器用のヤギ皮（音楽）

第10章の毛・皮生産でも扱うように，西アフリカにあるギニア共和国の伝統的打楽器（片面太鼓）である"ジャンベ"には，ヤギ皮が用いられている．わが国でも，1994年から鹿児島県三島村硫黄島においてジャンベを通じ，ギニアとの国際交流が行われている．

d. 釣り用の疑似餌（趣味・娯楽）

鹿児島県トカラ列島においては，カツオ，シビ，サワラ漁が盛んであるが，春になるとヤギの角をイカの形につくり，それにニワトリの羽根をつけて魚を釣るホロビキと称する漁法があり，地元で生息するトカラヤギの角が疑似餌としてよく用いられる．　　　　　　　　　　　　　　　〔藤田　優・中西良孝〕

参 考 文 献

中央畜産会（2002）家畜改良関係資料．
Devendra, C. and G.B. McLeroy（1982）：Goat and Sheep Production in the Tropics, Longman.
FAO（2000）：World Watch List of Domestic Animal Diversity.
FAO（2012）：Goats, Live Animals, Production, FAOSTAT. Food and Agriculture Organization, Rome［インターネットホームページより2012年11月7日参照］．
　　http://faostat.fao.org/site/573/DesktopDefault.aspx?PageID=573#ancor
平川宗隆（2003）：沖縄のヤギ〈ヒージャー〉文化誌―歴史・文化・飼育状況から料理店まで．ボーダーインク．
平川宗隆（2009）：沖縄でなぜヤギが愛されるのか．ボーダーインク．
Kimball, C.（2009）：The Field Guide to Goats, Voyageur Press.
農林水産省（1998）：平成9年畜産統計．農林統計協会．
野澤　謙・西田隆雄（1981）：家畜と人間．出光書店．
野澤　謙（1987）：人間がつくった動物たち（正田陽一編著），p.73-100．東京書籍．
Porter, V.（1996）：Goats of the World, Farming Press.
鈴木正三・林田重幸・山内忠平・野沢　謙・田中一栄・渡辺誠喜・西中川　駿・庄武孝義（1967）：日本在来家畜に関する遺伝学的研究　2．南西諸島の在来やぎについて．日畜会報，**38**：443-452．
ゾイナー，F.E.（国分直一・木村伸義訳）（1983）：家畜の歴史．法政大学出版局．

2. 世界と日本のヤギの生産システム

　世界中で約10億頭のヤギが飼育されていることが，FAO（国連食糧農業機関）の統計資料で公表されている（2016年現在，FAO，2016）が，それらのヤギはどこで，どのように飼養されているのであろうか．ヤギは熱帯の砂漠から寒冷な地域まで幅広い気候帯に適応し，家畜として利用されている．開発途上地域の多くの人々にとってヤギは貴重な蛋白源であり，開発国では乳チーズが美食として好まれている．世界全体でみると，ヤギは特にアジア（約6.0億頭）とアフリカ（約3.5億頭）で多く飼養されており，この2つの地域だけで全体のおよそ94%を占め，その数は年々増加している（図2.1）．ここでは，家畜としてのヤギの世界における利用方法について，生産システムごとに紹介するとともに，日本のヤギ生産について述べる．

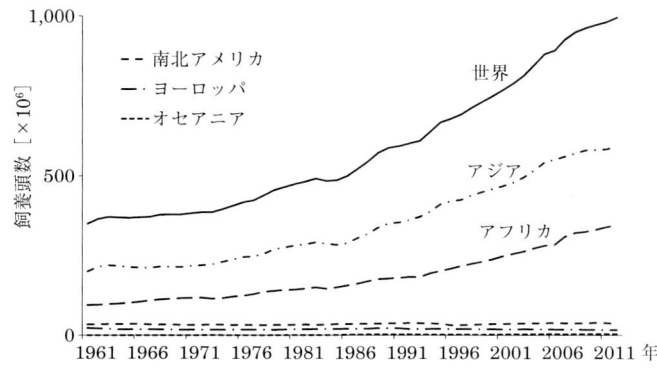

図 2.1　世界におけるヤギ飼養頭数の推移（FAO，2014）

2.1 多目的生産システム

アジアやアフリカで最も多くみられるのが，ヤギを多目的に利用する生産システムである．このシステムは，最も古い畜産形態の1つで，土地や資本を持たずに，野草や木本を利用してヤギを飼養するため，粗放システムとも表現される．飼養の目的は，肉，乳，毛，皮のほかに，堆肥，収穫後の畑の雑草処理，換金のための蓄財，儀式の生贄あるいは祝いごとの宴料理に用いるなど多面的である．このシステム内では，生産目的が絞られないために育種的な改良が起こりにくく，1頭当たりの乳や肉の生産量は低い反面，ヤギの特徴でもある劣悪な環境での生存性や多産性，耐病性が発揮される．世界で報告されているヤギ612品種のうちの71%がこの生産システムに含まれる（FAO, 2007）．このシステムに典型的な遊牧型と小農型を紹介する．

2.1.1 遊牧型

遊牧型の生産システムは，チベット，内モンゴルおよび新疆ウイグル各自地区を含む中国北西部とモンゴル，中東のイラン，イラクからパキスタンとインド西部までの一帯，サハラ，サヘルおよびソマリ半島を含むアフリカ北部一帯，南米のペルー，ボリビア，チリ北部およびアルゼンチンにまたがるアンデス山脈でみられる．これらの地域は，砂漠やステップ気候の乾燥帯や山岳地帯で，耕作には適さないため，人々は家畜とともに餌となる草を求めて移動生活を送る（図2.2）．ヤギはヒツジとともに飼養されるほか，地域によってウシ，ウマ，

図2.2 モンゴル国トゥブ県における遊牧（写真提供：家畜改良センター 茨城牧場長野支場 名倉義夫氏，2012年9月10日）

ロバ，ヤク，ラクダ，ラマ，アルパカなどと一緒に飼養される．このシステムでは，一般的に，ヤギ以外の大型家畜が重要視されるが，ヤギは環境適応性や病気に対する耐性が高いため，多くの遊牧民に幅広く利用されている．飼養頭数は1世帯当たり数十〜200頭程度で，このうちヤギとヒツジが7割以上を占める．このシステムで，乳は主に女性や子どもによって手搾りされ，子畜に飲ませた後の余剰分をヒトが利用する．ヤギやウシ，ヒツジから得られた乳は，飲用に供されるほか，伝統的な製法でバターやギー[注1]，チーズ，カード[注2]に加工された後，そのまま食べられたり，保存されたりする．屠殺も各地の伝統的な方法で行われ，肉，血液および内臓は食用，毛は衣類や敷物，皮は衣類や袋またはテント，骨や角は工芸品などに無駄なく利用される．アジアや中東ではヤギの毛を櫛で梳いてカシミヤが生産される[注3]が，中でもモンゴルと中国で生産されるカシミヤは，品質がよく，高値で取引きされるため，貴重な現金収入源として飼養頭数が増えている．しかし，近年，厳しい干ばつや豪雪などで多くの遊牧民が被害を受けたことや各国の政府が遊牧民の定住化を推進していることから，遊牧型の生産システムは減少傾向にある（Degen, 2007）．

2.1.2 小 農 型

アジアから中東，アフリカ，南米など，開発途上国の農村地帯で広く行われている生産形態で，小農や耕作地を持たない農民が少頭数（2〜20頭程度）のヤギを裏庭などで飼養するシステムである．地域にもよるが，通常，ヤギのほかにウシまたはスイギュウを1〜2頭とニワトリ，ブタなどを飼養する．ウシやスイギュウは農耕用の労力あるいは乳や堆肥の生産用として大切に扱われ，簡易な畜舎があることが多い．一方，ヤギは乳と肉，堆肥生産のほかに，蓄財としての重要な役割を担っているが，畜舎はあまりつくられない．土地を持たない農民は，毎朝ヤギを連れて小作に出かけ，収穫後の田畑や農地脇の草むらにつないで草を食べさせ，夕方ヤギを連れて帰宅する（図2.3）．このシステムは，それまで物々交換による物資の取得が可能であった開発途上国の農村地帯に近代的資本主義が浸透し，教育や衣料，医療，電気を得るための現金が必要になったことを背景に，急速に重要性が高まっている．というのはこのシステムにおいて，ヤギはニワトリと並んで労力と資本の投入が最小限であるうえ，新学期の始まりなど現金が必要なときには簡単に換金できる利点がある．万が

図 2.3　フィリピン共和国イロコススール州において土地を持たない農民が毎朝ヤギを連れて小作に出かけている状況（筆者撮影，2009 年 4 月 10 日）

一．病気や盗難によってヤギを失ってもウシやブタに比べれば損失は小さく，複数頭飼養することでリスク分散にもなっている．ヤギは裏庭で生体のまま取引きされるが，一般に需要は高く，価格も悪くない．

　南アジアから中東にかけての国々では，昔からこのシステムの中でヤギ乳を利用してきた．中でもインド，バングラデシュおよびパキスタンの貧困層にとってヤギ乳は主要な動物蛋白源で，この 3 カ国だけで世界のヤギ乳生産量のおよそ半分を占める．これらの地域には，ジャムナパリ種やビータル種など中〜大型（成熟体重 40〜65 kg）で，環境に適応した乳肉兼用品種が広く普及しており，小型の在来品種（肉用）とともに利用されている．ヤギ乳はチェーナーやパニールと呼ばれるチーズあるいはギーに加工される．ヤギ肉はインドではヒンドゥー教の食のタブーを受けず，イスラムの国々では生贄として供されるなど宗教とのかかわりも強い．熱帯の東南アジア（インドネシア，マレーシア，フィリピンなど）には，カンビンカチャン種という小型（成熟体重 20〜25 kg）の在来品種が広く分布しており，肉用として利用される．皮つきのまま食用にされるため，毛は屠殺の際に焼き払われる．乳は子ヤギを哺乳するのに十分な量しか生産しないため，ヒトには利用されない．結婚式などの祝宴にヤギ肉料理は欠かせず，刺身や煮込み，スープなどに調理される．同じ東南アジアでも，インドネシアやベトナム，タイなどの一部には，熱帯に適応した乳肉兼用種を

利用して乳生産が行われている地域もある．また，東アフリカ（エチオピア，ケニア，タンザニア，ウガンダなど）では，在来品種が多数報告されており，肉は食用，乳はチーズ，ギーあるいはヨーグルトに加工され，毛や皮も楽器や工芸品に加工される．アフリカでは，伝統的にウシを男性，ヤギを女性が管理し，搾乳と乳加工も女性が行う習慣がある．

　これらの小農型多目的生産システムには，1980年代から貧困層に対する社会経済的支援として，開発国の政府団体（USAID[注4]，ODA[注5]，JICA[注6]など）や非政府団体（Farm-Africa[注7]，Heifer International[注8]など）によってさまざまな技術や品種が導入されてきた．特に，FAOが世界各地の開発途上国で，ヤギとヒツジの生産性向上を支援する構想（FAO, 1991）を発表してからは，ヤギを利用した貧困削減の取組みが国際協力における1つの手段になった．最近では，IFAD（国際農業開発基金）とIGA（国際ヤギ協会）が連携して，アフリカ，アジアおよび南米で推進した活動が報告されている（International Goat Association, 2014）．これらの事業では，ヨーロッパ由来の乳用品種や南アフリカ原産のボア種を用いた在来ヤギの品種改良，種畜の配布，技術普及員研修，農民への技術普及を通じて，土地を持たない農民とその家族の栄養改善および現金収入の向上を支援する．アフリカでは，貧困削減のほかにエイズ罹患者への支援，女性の地位向上も目的に含まれる．具体的な支援内容は，地域や環境条件，プロジェクトによって異なるが，農民が雌ヤギの寄付を受け，適切な飼養方法を実践する．繁殖期には，農民組織が共同で管理する改良品種の雄と交配し，乳と肉を生産する．生まれた子ヤギのうち1頭を支援団体へ返還し，返還されたヤギが別の家族へ譲渡されることによって新たな家族が恩恵を受けるというのが一般的な流れである．これまで，改良品種が環境に適さない，あるいは技術が現場に定着しないなどの問題が指摘されているが，一方で長期にわたる開発研究と実績評価に基づいた持続可能なヤギ生産システムの方針も示されるようになった（Peacock and Sherman, 2010；Devendra, 2011）．いずれにしても20世紀末に始まったこれらの支援活動が，開発途上国におけるヤギの飼養頭数の急速な増加を後押ししていることはいうまでもない．

2.2 乳生産システム

　世界中で生産されるヤギ乳のほとんどは，多目的型生産システムの中で生産，自家消費され，商品として流通しているのはわずか5％程度にすぎない．それは主に開発国における乳生産システムの中で生産される．ヤギ乳は一般に牛乳よりも高値で取引きされることに加え，近年では，ヤギ乳製品の自然志向あるいは健康志向という印象が受け入れられ，牛乳生産の技術を取り入れた先進的なヤギ乳生産が世界各国で始められている．

2.2.1　伝統的集約型

　地中海沿岸地域（フランス，スペイン，ポルトガル，イタリアおよびギリシャ）で伝統的に行われてきた生産システムで，乳生産能力の高いアルパイン種やザーネン種，トッゲンブルグ種，アングロヌビアン種などが用いられ，ヤギ乳のほとんどはチーズに加工される．家族単位の小規模経営が中心で，搾乳からチーズづくりまでを一貫して行う．このうち，フランスでは，1950年代初頭からヤギ乳生産者の協同組合が形成され，生産の効率化や衛生管理，流通の体系化を進めてきた．近代的な施設，衛生的な搾乳と乳加工，乳生産能力による

図 2.4　近代的かつ衛生的なヤギ用搾乳施設の例（筆者撮影，2012年4月18日）
　　　　各個体の泌乳量を機械が自動的に計測・記録．

育種改良によって生産性が著しく向上した（図2.4）．家族経営の形態はそのままで，100～200頭のヤギを飼養し，子ヤギは生まれてすぐに母親から離されて人工哺乳によって育てられる．その結果，フランス産ヤギ乳チーズは世界的に流通し，特に高品質のAOC[注9]チーズは食通に好まれ，現在も需要は高まっている．スペインでは，ヤギ乳にウシやヒツジの乳を混ぜてチーズがつくられてきた伝統を持つが，最近ではフランスに生産性や技術面で追随し，DOP[注10]認定のヤギ乳チーズを生産するかたわら，アンダルシアで生産されたヤギ乳がフランスへチーズの原料として輸出されている．このほかのヨーロッパ（ノルウェー，イギリス，ベルギー，ドイツなど）でも伝統的なヤギ乳チーズ生産が行われている（Dubeuf *et al*., 2004）．

2.2.2 新興集約型

フランス産ヤギ乳チーズの影響を受け，北米のアメリカとカナダでも，1980年代からヤギ乳が生産されるようになった．チーズや粉ミルク，キャンディをはじめ，ヤギ乳が持つ保湿性を利用した石けんや美容製品が生産されている．北米では，ヤギ生産農家が観光農園として生産現場を開放したり，生産者組合が雑誌を発行してヤギに関する知識やヤギ肉のレシピを紹介したりするなど，活発な宣伝と普及活動が生産者主導で行われている．他方，1990年代後半からは，オランダでヤギ乳を原料にしたゴーダチーズが生産されるようになり，オランダ国内消費および輸出量が急速に伸びている．さらに近年では，牛乳生産で開発された先進的な施設をヤギに応用して，数千～1万頭規模で乳生産を行う大規模経営のヤギ乳生産がメキシコやブラジルなどで新興している．メキシコでは，ヤギ乳は昔からカヘータというキャラメルの原料として利用されてきたが，これらの大規模農家で生産されたヤギ乳は，主にアメリカへチーズの原料として輸出されている．さらに，昔からヤギ肉文化が浸透している台湾においても，近年，健康食品としてのヤギ乳が見直され，産業としての隆盛が報告されている（新城，2010）．

2.3　肉生産システム

ヤギ肉はこれまで述べてきたように，アジア，アフリカ，中南米，中東など

の人々には馴染み深い食べ物である．20世紀後半から急速に社会が国際化し，これらの国から人々がアメリカをはじめとする開発国へ仕事を求めて移住するようになり，それに伴ってヤギ肉の需要が開発国でも高まったことを背景に，世界におけるヤギ肉生産の状況が変化している．たとえば，アメリカ南部のテキサス州は，メキシコに国境を接しているため，元来，南米系の移民が多く，ラテン文化の影響が強い．ここでは，古くから家畜生産が盛んで，肉牛とともにヤギとヒツジの生産が行われてきた．特に，1990年代までは米国政府の補助によるモヘア生産（アンゴラ種）の中心地でもあった．1990年の移民法改正により南米からの移民が急増し，それに伴ってヤギ肉需要が高まった．1993年にアメリカにはじめてボア種が導入され，その2年後にモヘア生産に対する補助が打ち切られたことを機に，ボア種がアンゴラ種に取って代わり，テキサス州でのヤギ肉生産が急速に広がった．ここでの生産システムは，ウシ，ヤギ，ヒツジを数百頭規模で混牧するもので，広大な土地での放牧を中心に，濃厚飼料を補助的に給餌する，あるいは育成用フィードロット[注11]を備える．最近の不況に加え，長期にわたる干ばつによりテキサス州では畜産経営を断念するケースが増えているが，西部のカリフォルニア州や北部，東部でヤギを除草目的あるいは趣味として30〜50頭を飼養する人々が増加しているため（図2.5），最近のアメリカのヤギ肉生産量は横ばい状態である．しかしその一方で，アメリ

図2.5 アメリカ，オクラホマ州において郊外の庭で趣味的にヤギを飼養している状況（筆者撮影，2012年6月17日）

カは世界一のヤギ肉輸入国でもある．

　ヤギ肉の世界最大輸出国はオーストラリアで，主な輸出先はアメリカおよび台湾である．オーストラリアにもともとヤギは存在せず，18世紀にヨーロッパからの入植民によって持ち込まれたのが始まりといわれている．その後，19世紀にカシミヤやモヘア生産のために毛用品種が導入され，さらに20世紀に入ってからは乳用品種が導入されたが，これらの一部が乾燥地帯で野生化し，feral goat（野ヤギ）[注12]と呼ばれるようになった．野ヤギは粗食に耐えて増殖し，ヒツジの牧草地を荒らし，土地を侵食したため，生態系に影響を及ぼす害獣として1980年代後半には駆除の対象となり，捕獲されたヤギが肉用として輸出されるようになった（Parkes et al., 1996）．現在では，管理下で飼養されたのち，肉として輸出されるほか，ボア種と交雑して産肉能力を高められた改良品種が，生体でマレーシアやシンガポールなどへ輸出されている．ニュージーランドにもオーストラリアと同じような野ヤギの歴史があり，オーストラリアに先んじる1930年代から政府が駆除に着手した．1967〜1985までニュージーランドは世界最大のヤギ肉輸出国[注13]であり，現在も主要輸出国である（FAO, 2014）．このほか，メキシコやブラジルでもヤギ肉生産は新興しているが，世界的には，依然として多目的生産システム内で生産されて自家消費されるヤギ肉が大多数である．各国のヤギ肉利用の中で特徴的なのは，フランス，スペインおよび南米で，これらの国では，離乳前（生後1〜2カ月）の子ヤギ肉を特にCaprettoあるいはCabritoと呼び，風味がよく，ジューシーで柔らかい赤身の上質肉として需要が高い（図2.6）．

　ヤギ肉の生産システムの1つとして，耕畜連携型システムについても紹介しておく．このシステムは耕作地に家畜を導入することによって，家畜が雑草を除去するかたわら堆肥を落として土地を肥沃にし，作付面積当たりの収量を増やし，さらに家畜の肉を最終産物として利用するという，循環型の優れた生産システムである．農耕を営むアジアでは，古くから耕作地にウシやブタを導入して資源を有効に活用してきた歴史があるが，近年の環境問題への意識の高まりとともに，このシステムに対する関心が世界的に高まっている．ヤギを利用した例には，マレーシアのパーム椰子植林地（ココナツ油），フィリピンの椰子植林地（ココナツ果実），アルゼンチンのサボテン栽培地（食用サボテン），ギリシャやスペインのオリーブ産地（オリーブ果実，オリーブ油）などがあり，

図 2.6 スペインカタルーニャ州おけるヤギ肉の店頭販売の状況（筆者撮影, 2009 年 3 月 5 日）
離乳前の子ヤギ肉（Cabrito）が特に好まれる.

換金作物とヤギ肉を同時に生産するシステムが試みられている（Devendra, 2011）. ただし, ヤギは作物の成長に必要な葉も食べてしまうため, さまざまな対策が必要である.

2.4 日本のヤギ生産

2.4.1 日本のヤギをめぐる歴史

　日本の在来小型品種（シバヤギ）は, 1 万年ほど前に西アジアで家畜化されたものが伝播し, 15 世紀後半に東南アジアのフィリピンを経て沖縄, 九州へわたってきた. 一方, 乳用のザーネン種は, 明治時代に日本に伝来したという史実が残っている. その後, 1926 年に沖縄では長野県から日本ザーネン種を導入し, 沖縄在来ヤギに累進交配して「沖縄肉用山羊」を作出した（新城, 2010）. 第二次世界大戦終了後には, アメリカから LARA 物資[注14]として, ザーネン種, トッゲンブルグ種, ヌビアン種およびアルパイン種が寄贈され（1947～1949年）, 日本ザーネン種作出の基礎となった. 当時の日本政府が, 戦後の食料不足改善のために, 乳と肉を自給できるヤギ飼養を奨励した結果, 本州のヤギ飼養頭数は 1945 年の 25 万頭から急増し, 1957 年には乳用種と肉用種を合わせてピークの約 76 万頭（沖縄県を含む）に達した. この頃は, ヤギ乳が瓶入りで

販売されており，現在 60 歳以上の世代で，子どもの頃，ヤギ乳を飲んで育ったという人は珍しくない．しかし 1961 年，農業基本法が施行され，日本農業の近代化が始まった．畜産も自給型から大規模，機械化，集約型畜産へ移行し，家畜はウシ，ブタ，ニワトリに集中した．農業基本法施行から 10 年後には，ヤギの飼養頭数は 16 万頭まで激減し，その後も漸減の一途をたどった（日本緬羊協会, 1999）．一方，沖縄では 1952 年から琉球政府独自で乳用の大型品種を導入し，「沖縄肉用山羊」の能力向上に取り組んできたが，1975 年から 1988 年までの 14 年間でヤギの飼養頭数は半減したと報告されている．このように，日本のヤギ生産が低迷を続ける中，1999 年にヤギの研究者と愛好家らがヤギの有用性を見直そうと，全国山羊ネットワークを発足させた（Nakanishi, 2005）．機関紙の発行と年次大会を通じて情報を共有する取組みは，全国のヤギ生産者と消費者，愛好家，研究者らを結びつけ，近年における日本のヤギ生産振興に寄与している．さらに，2005 年 3 月には日本山羊研究会（全国山羊ネットワーク研究部会），2011 年 3 月にはアジア山羊の会が発足し，日本におけるヤギ復興が期待されている．

2.4.2　日本のヤギの生産システムの現状

現在の日本におけるヤギの生産システムは，沖縄県と九州の一部地域（主に鹿児島県）で行われている肉生産を主体とするものと，全国に広がりつつある乳生産の 2 つのシステムに大きく分類することができる．沖縄県には，根強いヤギ愛好家が数多く，ヤギ肉料理は伝統的食文化である．郊外のヤギ農家では，数頭～十数頭のヤギを繋留あるいは高床式の畜舎で飼養する．青刈り野草を主体に給餌し，濃厚飼料を補助飼料として用いる．沖縄県では古くから小型在来種の大型化を目指して改良を進めてきたが，生産者もそれぞれヤギを大きく育てることに熱心で，独自に品種改良を試みる農家や，周辺のヤギ農家で組合をつくって，生産性向上に取り組んでいる地域もある．伝統文化のヒージャーオーラセー（闘ヤギ）も沖縄県で大きなヤギが好まれている理由の 1 つであろう．2010 年には，沖縄県がニュージーランドからボア種を導入し，さらなる大型肉用種の作出に取り組んでいる（新城, 2010）．

国内におけるヤギ乳生産は，1990 年以降にナチュラルチーズ嗜好が浸透し，フランス産のヤギ乳チーズの需要が高まったことに影響を受けて，徐々に広が

り始めた．酪農家の高齢化が進み，大きくて労力のかかるウシからヤギへ移行した農家もあるが，退職後の余暇として，あるいは全国山羊ネットワークに参加して新たにヤギ乳生産を始める人も少なくない．地方自治体や企業組織などの一部門としての生産形態もあるが，多くは個人経営で搾乳から殺菌，チーズやヨーグルトなど乳製品加工を一貫して行う．国内産のヤギ乳製品には，殺菌乳，ヨーグルト，チーズ，アイスクリーム，プリンやチーズケーキを含む菓子類，パン，石けんがある．製品の流通は，農場内に販売所を設けたり，自然食品などを取り扱う販売店や空港店舗，レストラン，菓子製造メーカーに卸したりするのが一般的である．また，多くの生産者がインターネットを通じた販売網を持っており，国内であれば取り寄せることができる．ヤギ乳製品販売者は年々増加[注15]しており，国内におけるヤギ乳生産の今後の展望が期待できる．しかしながら，このシステムには課題も存在する．その第1は，子ヤギ（雄）の利用についてであろう．乳生産を目的に繁殖しても，生まれてくる子ヤギのうち半分は雄である．将来，乳生産に利用できない雄は，去勢して除草目的または伴侶動物として飼養することもできるが，頭数が多い場合は現実的ではなく，肉として利用することになる．その場合，と畜場法第十三条の規定により，屠畜場で屠殺しなければならないが，国内の多くの都道府県の屠畜場[注16]では，TSE[注17]対策の必要性からヤギの扱いを停止しているため容易ではない．また，ヤギ肉の需要がなければ，屠殺しても販売できないので，ヤギ肉の消費を振興

表 2.1　日本とアメリカにおけるヤギ乳の成分規格

	日本[1]	アメリカ[2]
無脂乳固形分	8.0%以上	7.5%以上
乳脂肪分	3.6%以上	2.5%以上
比重（15℃において）	1.030〜1.034	
酸度（乳酸として）	0.20%以下	
細菌数（標準平板培養法で）	50,000/mL 以下	
大腸菌群	陰性	
体細胞数[3]		1,500,000/mL 以下

1) 乳及び乳製品の成分規格等に関する省令（平成24年3月15日改正）による殺菌ヤギ乳の成分規格．
2) 米国保険社会福祉省公衆衛生局食品医薬品局による Grade "A" Pasteurized Milk Ordinance（2011年改正）．
3) 体細胞数は生乳における検出値．

する必要もある．2つ目の課題は，「乳及び乳製品の成分規格等に関する省令」注18 によって定められる成分規格の遵守である．表 2.1 に日本とアメリカにおけるヤギ乳の成分規格を示したが，日本の殺菌ヤギ乳の乳脂肪分には，国産牛乳（3.0％）やアメリカのヤギ乳（2.5％）よりもかなり高い基準値（3.6％）が設定されており，国内で殺菌ヤギ乳を販売する際の制約となっている．この課題について，全国山羊ネットワークが改善に向けた働きかけを政府に対して行った結果，アメリカのヤギ乳と同等の基準値（無脂乳固形分 7.5％，乳脂肪分 2.5％）に改定された（2014 年 12 月 27 日改正）． 〔塚原洋子〕

注

1) 乳酸発酵させた乳から油脂のみを分離したもの．澄ましバター．
2) 乳に酸や酵素を加えて凝固させたもの．
3) カシミヤという名前が入った品種もあるが，ヤギの多くの品種がカシミヤを生産する．カシミヤを生産するヤギをまとめてカシミヤヤギと称することもある．
4) United States Agency for International Development. 米国国際開発庁．
5) British Government's Overseas Development Administration. 英国政府海外開発庁．
6) Japan International Cooperation Agency. 独立行政法人国際協力機構．
7) 英国に拠点を置く慈済団体．1985 年設立．
8) 米国に拠点を置く非営利団体．1944 年設立．
9) フランスにおける原産地呼称統制．保護指定原産地の表示でもある．製造過程と品質評価において審査を受け，基準を満たしたものに付与される．
10) イタリアにおける原産地呼称統制．内容は AOC と同じ．
11) 畜舎などに囲い飼いにして，運動を制限し，飼料効率を高める肥育方法，あるいはその肥育施設．
12) オーストラリアとニュージーランドに生息する野ヤギは，小型品種と毛用，乳用品種の雑種であり，その遺伝的および形態的特徴はさまざまである．したがって feral goat は品種名ではない．
13) 重量（トン）ベース．1976・1977 年を除く．
14) アメリカを拠点としたアジア救済連盟（LARA 1946-1952）から，日本の戦後の復興を支援するために送られた寄付物資．
15) ヤギ乳製品販売者は，2007 年の 14 件から 2009 年には 24 件に増加した（京都大学大学院調べ）．
16) 現在，ヤギを受け入れる屠畜場は千葉県，長野県，沖縄県にしかない．家畜商に依頼して引き取ってもらうこともできるが，自家消費用であれば，都道府県知事に届け出ることによって自家屠殺が可能である（と畜場法第十三条一）．実際には，所轄の保健所などに問い合わせる．
17) 伝達性海綿状脳症（transmissible spongiform encephalopathy）．異常プリオン（感染性蛋白質）の蓄積によって発症する中枢神経障害の総称．牛海綿状脳症（いわゆる狂牛

病），ヒツジとヤギのスクレイピーを含む．
18) 食品衛生法に基づく厚生労働省令．通常「乳等省令」と略される．

参考文献

Degen, A.A. (2007)：Sheep and goat milk in pastoral societies. *Small Rumin. Res.*, **68**：7-19.

Devendra, C. (2011)：Integrated tree crops-ruminants system in South East Asia：Advances in productivity enhancement and environmental sustainability. *Asian-Aust. J. Anim. Sci.*, **24**：587-602.

Dubeuf, J.-P. *et al.* (2004)：Situation, changes and future of goat industry around the world. *Small Rumin. Res.*, **51**, 165-173.

FAO (1991)：The FAO Small Ruminant Programme. *World Animal Rev*, **66**. http://www.fao.org/ag/aga/agap/frg/feedback/war/t8600b/t8600b00.htm

FAO (2007)：The State of the World's Animal Genetic Resources for Food and Agriculture (Rischkowsky, B. and Pilling, D., eds.), Rome.

FAO (2016)：FAOSTAT. [cited 24 March 2016]. Available from http://faostat.fao.org/site/573/default.aspx

International Goat Association (2014)：Scaling-Up Successful Practices on Sustainable Pro-Poor Small Ruminant Development. J.-P. Dubeuf, B. A. Miller, D. Bhandari, J. Capote, J.-M. Luginbuhl. Little Rock, Arkansas, USA.

Nakanishi, Y. (2005)：Goat farming in Japan. *IGA Newsletter.*, August：6.

日本緬羊協会 (1999)：山羊市場実態調査報告書．

Parkes, J., Henzell, R., Pickles, G. (1996)：Managing Vertebrate Pests：Feral Gouts, Australian Government Publishing Service, Canberra.

Peacock, C. and Sherman, D.M. (2010)：Sustainable goat production-Some global perspectives. *Small Rumin. Res.*, **89**：70-80.

新城明久 (2010)：沖縄の在来家畜．その伝来と生活史．第1版．ボーダーインク．沖縄．

3. ヤギの特徴

🫘 3.1 行動特性

　ヤギの眼は顔の側方に位置し，やや突出しているため，片眼視野の合計は320～340°と広く，パノラマ的視野を持っている反面，左右の片眼視野が重なる部分である両眼（または2焦点）視野は20～60°と狭いため，ウマ，ウシおよびヒツジと同様，深視力（遠近感）に乏しい（Prince, 1970）．ヤギは橙，緑，赤，黄，紫および青色の順に灰色と弁別できる（Buchenauer and Fritsch, 1980）とともに，個体差はあるものの，似通った図形をある程度識別できる（Baldwin, 1979）．ヤギの可聴周波数域は78～37,000 Hzであり，そのうち，最も敏感な周波数は2,000 Hz前後である（Heffner and Heffner, 1990）．家畜の嗅覚はブタ＞ヒツジ＞ウシ＞ニワトリの順に発達している（三村・森田，1980）が，ヤギについては明らかにされていない．ただし，脳全体に対する嗅球の相対的な大きさから嗅覚能力を推測すると，イヌ＞ネコ＞ヤギ≧ヒツジ＞ヒトの順である（Hart, 1985；Kavoi and Jameela, 2011）．ヤギは塩味，酸味，苦味および甘味を識別でき，それぞれの味覚の感受性を反芻家畜間で比較すると，塩味に対してはウシ＞ヤギ≧ヒツジ＝シカ，酸味に対してはシカ＝ウシ＞ヤギ＞ヒツジ，苦味に対してはヤギ＞シカ＞ヒツジ＝ウシ，甘味に対してはシカ＞ウシ＞ヤギ＞ヒツジの順であるが，ヤギとシカは苦味に対して敏感であると同時に，耐性も強い（Church, 1983）．これは両家畜とも山岳地帯原産であり，苦味・渋味成分を含む木本植物の葉，皮および若枝などを好む習性を持ち合わせていることに起因する．

　ヤギは高所を好み，優れた平衡感覚と敏捷さを備えていることから，急斜面を登ったり，下ったりすることができる．これはヤギが他の家畜と違い，45°

の斜面まで利用可能なことに起因する（限界傾斜角度：ウシ30°，ウマおよびヒツジ25°，ブタ20°）（三村・森田，1980）．山岳地帯や島嶼地域においては野生化したヤギが縦横無尽に断崖絶壁を往来する光景をしばしば見かけるが，これは上述のことを反映しており，ヤギが急傾斜地に適応できるゆえんである．また，ヤギには湿気や雨を嫌う傾向があり，沖縄地方では"ヤギが鳴けば雨が降る"という言い伝えがあるほどである．筆者にも，放牧ヤギが辺りを見回し，鳴き出した途端に雨が降り始めた経験があることから，ヤギは湿気に敏感であり，これは沖縄地方の言い伝えを裏づけるものである．

3.2 栄 養 生 理

　ヤギはウシ，ヒツジおよびシカと同様に反芻動物であるため，複胃（第一〜四胃）を持っており，第一胃（ルーメン）と第二胃を反芻胃と呼び，第三胃が最小である．また，ヤギにおける腸管の体長比は家畜の中で最も大きい．腸が長いことやその水分吸収能が高いことがヤギ糞の水分含量が約50％と低く，粒状であることと関連している．ルーメン内に棲息する微生物の作用により飼料中の繊維やデンプンが分解され，揮発性脂肪酸（VFA）が生成し，ヤギにとって主要なエネルギー源となる．ヤギにおける繊維の消化能力はウシやヒツジよりも5〜10％高いこと（Devendra, 1971）から，粗飼料の利用性に優れており，ヒトが直接利用できない繊維質に富む野草，作物残渣などの未・低位利用飼料資源を効率的に生産物へ変換することができる．また，中程度以上の栄養価を持つ粗飼料（有機物消化率60％以上）に対する消化能力はヤギとヒツジで変わらないが，低質粗飼料に対しては窒素添加を行わなくてもヤギが摂取量を増やすことによってルーメン内における微生物の繊維分解能やアンモニア濃度を高めることができるため，ヒツジよりも高い消化能力を維持することができる（AFRC, 1998）．

　反芻家畜の成雌個体の維持に必要な1日当たりの乾物摂取量の体重比はウシ（乳用および肉用種）で1.2〜1.7％（農業・食品産業技術総合研究機構，2007, 2009），ヒツジ（60 kg以上）で1.9〜2.1％（農林水産省農林水産技術会議事務局，1996）であるのに対し，ヤギ（40 kg以上の乳用種）では2.0〜2.7％（AFRC, 1998）とウシやヒツジよりも大きい．

ヤギの水分代謝回転速度が遅いこと（高温環境下においてはウシの約40％）に加え，体温調節のための蒸散量が少ない，糞の水分含量が低いことなどから，体外への水分の排泄を極力抑えることが可能であり，水分要求量も低い（中西，1999）．このように，ヤギは数日間水なしでも生存できるため，乾燥・半乾燥地域に適している．

3.3 繁　　　殖

　一般に，ヤギは秋になると繁殖季節を迎える季節繁殖動物であるが，品種（原産地）や地域（緯度）によって周年繁殖化するタイプがいる．季節繁殖型は日長が短くなると，体内のホルモン分泌に変化が生じて発情が現れる．高緯度地域においては日長の変化が大きいため，季節繁殖型が多いが，低緯度地域ではその変化が小さいため，周年繁殖化する傾向を示す．たとえば，ザーネン種，トッゲンブルグ種，アルパイン種などのヨーロッパ原産の品種には季節繁殖型が多いが，日本在来種であるシバヤギやトカラヤギは周年繁殖化する．季節繁殖型の雌ヤギは秋になると，盛んに鳴いたり，彷徨したり，陰部が赤く腫脹したりして，ヒツジとは異なる明瞭な発情徴候を示す．ウシと違い，ヤギについては自然交配が一般的であり，雄1頭で50頭の雌と交尾可能である．交配後約3週間目に発情が現れない場合，受胎と見なす．妊娠期間は約5カ月と品種によってそれほど大きく変わらないが，周年繁殖化するタイプについては季節繁殖型と比べて分娩間隔が短くなる傾向を示すことから，2年3産も可能である．

　ヤギは他の家畜と異なり，夜間分娩がほとんどみられず，日中分娩が多いことから，分娩管理が容易である．初産では単胎も少なくないが，2産目以降は双子率が高くなる．

3.4 病　　　気

　ヤギは元来，環境の変化に適応しやすく，強健であり，他の家畜と比べて病気にかかりにくいものの，異常の早期発見と早期治療が重要である．健康時の体温（直腸温）は39〜40℃，脈拍または心拍数は70〜90回/分（ただし，子

ヤギはその倍), 呼吸数は 12～20 回/分, ルーメンの収縮回数は 1～2 回/分, 同左 1 回当たりの持続時間は 10～15 秒であり (Solaiman, 2010), 体温については ウシやヒツジよりもやや高めである. 脳脊髄糸状虫症 (通称:腰麻痺), 消化管内寄生虫症 (捻転胃虫, 線虫, 条虫, 吸虫およびコクシジウムなど), 乳房炎, 鼓脹症, 植物中毒, 外部寄生虫症 (疥癬, 皮膚真菌症およびシラミ病など) などが主な病気であるほか, カ, ハエ, ブユ, アブ, マダニなどの刺咬性衛生動物による吸血もヤギにストレスを与えたり, 他の病気を媒介したりすることがある. 各疾病については第 13 章で詳述されているので, それを参照されたい.

3.5 除草家畜としての利用

ヤギは荒廃地や耕作放棄地における除草・灌木除去に用いられ, 特に, 有刺または有害灌木に対しては高いところにある樹葉, 新芽, 若枝および樹皮などをヤギ独特の後肢立ち姿勢で採食することが可能であるため, ウシやヒツジよりもその効果が著しい (Wood, 1987 ; Popay and Field, 1996).

3.6 実験動物としての利用

ヤギは小型の反芻動物であり, 給与飼料が少なくてすむことや糞尿処理も比較的容易であることから, ウシなど大型反芻動物のモデルとして解剖学, 生理学, 栄養学, 飼料学あるいは飼養学などの実験に利用されている. また, ヒトと体重が近いことから, 医学分野における人工心臓の開発にも利用されている.

〔中西良孝〕

参 考 文 献

AFRC (1998):The Nutrition of Goats, CAB International.
Baldwin, B.A. (1979):Operant studies on shape discrimination in goats. *Physiol. Behav.*, **23**:455-459.
Buchenauer, V.D. and Fritsch B. (1980):Zum Farbsehvermogen von Hausziegen (*Capra hircus L.*). *Z. Tierpsychol*, **53**:225-230.

Church, D.C.(1983):Digestive Physiology and Nutrition of Ruminants, O & E Books.
Devendra, C.(1971):The comparative efficiency of feed utilization of ruminants in the tropics. *Trops. Sci.*, **13**:123-132.
Hart, B.L.(1985):The Behavior of Domestic Animals, W.H. Freeman & Company.
Heffner, R.S. and Heffner H.E.(1990):Hearing in domestic pigs (*Sus scrofa*) and goats (*Capra hircus*). *Hear. Res.*, **48**:231-240.
Kavoi, B.M. and Jameela, H.(2011):Comparative morphometry of the olfactory bulb, tract and stria in the human, dog and goat. *Int. J. Morphol.*, **29**:939-946.
三村　耕・森田琢磨（1980）：家畜管理学，養賢堂．
中西良孝（1999）山羊を見直す―全国山羊サミット(3)―世界の山羊―．畜産の研究，**53**：369-376.
農業・食品産業技術総合研究機構（2007）：日本飼養標準・乳牛（2006年版），中央畜産会．
農業・食品産業技術総合研究機構（2009）：日本飼養標準・肉用牛（2008年版），中央畜産会．
農林水産省農林水産技術会議事務局（1996）：日本飼養標準・めん羊（1996年版），中央畜産会．
Popay, I. and Field R.(1996):Grazing animals as weed control agents. *Weed Technol.*, **10**:217-231.
Prince, J.H.(1970):Dukes' Physiology of Domestic Animals (Swenson, M.J., ed.), p.1135-1159, Cornell University Press.
Solaiman, S.G.(2010):Goat Science and Production, Wiley-Blackwell.
Wood, G.M.(1987):Animals for biological brush control. *Agron. J.*, **79**:319-321.

4. ヤギの管理

4.1 環境管理

ヤギを取り巻く環境要因

　ヤギを取り巻いている環境要因には，温熱環境，地勢的環境，物理的環境，化学的環境，生物的環境および社会的環境があり，各要因の中には，さらにさまざまな構成要素がある（図4.1および表4.1）．

　a. 温熱環境

　温熱環境の構成要素は温度，湿度，風（気流）および放射熱であり，体温調節と密接に関係し，環境の中ではヤギの生活や生産に直接関係する最も重要な環境要因である．

　1）体温調節　　体温調節中枢は間脳基底部の視床下部にあり，前方（前視

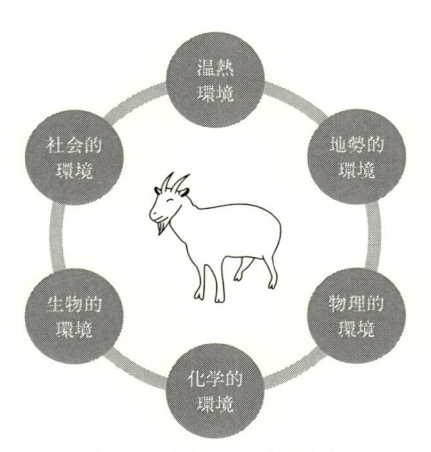

図4.1　ヤギを取り巻く環境要因

表 4.1 ヤギを取り巻く環境要因とその構成要素

要因	構成要素
温熱環境	気温，湿度，風速（気流），日射
地勢的環境	緯度，高度（標高，海抜），方位，傾斜度，地形など
物理的環境	光，音，畜舎構造など
化学的環境	空気中の有害物質，水，飼料など
生物的環境	飼料（牧草，飼料作物および野草），植生，微生物，衛生動物，野生動物（害鳥獣）など
社会的環境	個体間，異性間，親子間，異種動物（ヒトを含む）など

床下野）には体温を上げないようにする温熱（放熱）中枢，後方（後視床下野）には体温を下げないようにする寒冷（熱産生・保持）中枢がある．体表には温度を感知する温度受容器（thermoreceptor）があり，ヤギが高温または低温環境におかれた場合，温度受容器で得られた情報は体温調節中枢を刺激し，そこで統合・処理された情報は効果器（effector）としての骨格筋，内臓，皮膚血管および汗腺に作用して調節の指令を出す．高温環境に曝され，温熱中枢が刺激されると皮膚血管の拡張，皮膚温の上昇，呼吸数増加および発汗増加が起こり，体熱放散が増大する．一方，低温環境に曝され，寒冷中枢が刺激されると皮膚血管の収縮，皮膚温の下降，ふるえ産熱（骨格筋のふるえ，shivering）および立毛筋の収縮が起こり，体熱放散が抑制される．同時に，飼料摂取による産熱（特異動的作用），ルーメン発酵による産熱，褐色脂肪細胞による産熱およびホルモンによる産熱（副腎髄質からのカテコールアミン分泌によるグリコーゲンと脂肪の分解促進および甲状腺からのサイロキシンとトリヨードサイロニン分泌による代謝活性亢進）がみられ，非ふるえ産熱（non-shivering）としての化学的熱産生が増大する．

　体温を一定に保つためには熱産生量と熱放散量が等しくなければならず，これを体熱の平衡という．体熱の放散経路には顕熱放散と潜熱放散があり，前者は放射，対流および伝導，後者は蒸発によるものであり，後者はさらに感蒸泄（発汗）と不感蒸泄（皮膚表面および呼吸気道からの蒸発）に分けられる．

　2）**体感温度**　ヤギが体で感じる温度は湿度，風または放射熱により複雑に修飾され，暑さや寒さは温度だけでなく，他の温熱環境構成要素の作用が複合化されたものである．体感温度には湿度，風あるいは放射熱を考慮した指標

がウシ，ブタ，ヒツジ，ニワトリなどで提唱されているが，ヤギについては見当たらない．ただし，ヒトで用いられる不快指数が暑熱ストレスの指標として家畜にも応用され，乾球温度（dry-bulb temperature：DBT，℃），湿球温度（wet-bulb temperature：WBT，℃）または相対湿度（RH，%）を考慮した以下の温湿度指数（temperature-humidity index：THI）が反芻家畜に利用されている（Silanikove，2000；Nienaber and Hahn，2007）．

$$THI = 0.72(DBT + WBT) + 40.6$$
$$= 0.8\,DBT + 0.01\,RH(DBT - 14.4) + 46.4$$

74以下：快適，75〜78：弱いストレス，79〜83：中程度のストレス，84以上：強いストレス．

なお，ヤギに対する温度と湿度の作用割合は汗腺の発達の違いによりヒトや反芻家畜間で異なるものと推察され，上掲の式は暑熱ストレスの大まかな目安にはなりうるが，その精度については追究の余地がある．

3）適温域と生産限界温度　環境温度とヤギの体温および代謝量は密接に関係しており，体温維持や生産活動にかかわるいろいろな温度範囲がある（図4.2）．血管運動（収縮または拡張），発汗，浅速呼吸などの物理的調節で体温維持が可能な温度の範囲，すなわち下臨界温度と上臨界温度の間を熱的中性

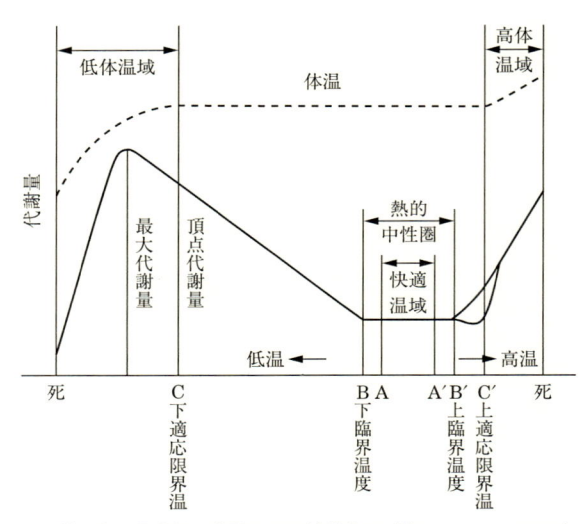

図 **4.2**　環境温度と代謝量，体温との関係模式図（津田ほか，2004より改変）

圏（thermoneutral zone：TNZ）と呼び，適温域ともいう．一方，TNZ よりも広く，化学的代謝量（酸素消費量）または物理的代謝量（発汗および浅速呼吸に伴う蒸発量）が増加しても生産性を著しく阻害しない範囲を生産限界温度という．ヤギの TNZ は 20〜28℃である（石橋ほか，2011）が，品種，年齢，生理状態，生産目的，温熱環境要因などによって異なる．

4）温熱環境とヤギの生理・生産反応　環境温度の上昇に伴い，代謝エネルギー摂取量は減少するものの，TNZ 内では変化せず，高温域ではさらに減少する（図 4.3）．一方，熱産生量は低温域では温度上昇に伴って減少し，TNZ 内では最低となるが，高温域になると血流量や呼吸数の増加および体温上昇による代謝速度上昇のため，しだいに増加する．このように，TNZ において生産量が最大となることから，TNZ はヤギにとって最も生産効率のよい温度域である．

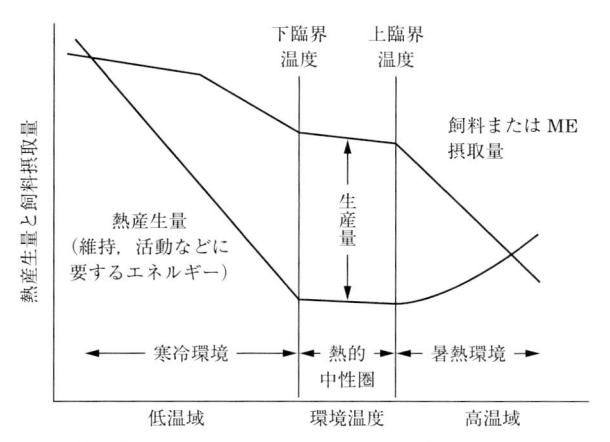

図 4.3　環境温度とエネルギーの生産効率との関係（山本，1991 より改変）

b.　地勢的環境

地勢的環境には，緯度，標高，方位，傾斜度および地形の他，土壌や植生などの構成要素がある．緯度によって日照時間の季節的変化の程度が異なり，高緯度地域ではその変化が大きく，低緯度地域では小さいため，緯度の高低によってヤギの繁殖性に差異がみられる．標高が 100 m 上昇するごとに気温は約 0.6℃低下し，気圧も約 10 hPa 減少し，酸素分圧も約 2 mmHg 減少する一方，日射量や紫外線は多くなるため，高標高地ではそれらの要因が複合的に作用す

る．斜面方位によっても日射量との関係から最高気温，風速，降雨量（風速との相互作用）などが異なり，最高気温は南南西斜面で高く，北斜面で低い．また，傾斜度も放牧ヤギの行動範囲に影響を与え，45°が限界とされる．

c. 物理的環境

物理的環境の構成要素には光，音，畜舎構造などがある．

1） 光　光源には太陽自然光と人工光があり，波長，照度および光周期がヤギに影響を与える．可視光線の波長は397〜723 nm であり，可視光線よりも短い波長を持つ光線は紫外線，長い波長を持つものは赤外線と呼ばれる．ヤギに対する可視光線の作用には色，明るさ，光周期などが関係している．紫外線には強力な殺菌作用があると同時に，成長や繁殖機能に関与するビタミンDの体内での生合成作用があり，くる病や骨粗鬆症の治療予防に有効とされるCaやPなどの代謝促進効果もある．しかし，強い紫外線は逆に皮膚や眼の疾病の原因となる．自然の光周期は明期と暗期の繰り返しであり，明期が長くなる長日期（冬→春→夏）と短くなる短日期（夏→秋→冬）に分けられる．ヤギは短日期に向かう秋に繁殖期を迎える季節繁殖動物であるが，ある品種や低緯度（日長の季節的変化が小さい）地域に生息するものは周年繁殖化する．

2） 音　音は大きさ（音圧），周波数および音色によって特徴づけられ，ヤギにとって最も敏感な周波数は 2,000 Hz 辺りである．ジェット機や工事の騒音（80 dB 以上）はストレッサーとなり，驚愕反応によって狂奔，暴走，採食停止などを引き起こし，その結果，怪我，繁殖機能の低下，生産性の低下などをもたらすことがウシ，ニワトリ，ヤギなどで報告されている（阿部・菅原，1994）．その一方で，感受性や慣れなど個体差の問題もあり，影響はないとする報告もある．

d. 化学的環境

化学的環境の構成要素にはヤギの呼吸器官，消化器官，皮膚などから摂取あるいは吸収される空気中の有害物質(他の個体から排泄されるものを含む)，水，飼料などがある

1） 空気中の有害物質　ヤギの飼育環境下で発生する有害物質としては，炭酸ガス（CO_2），一酸化炭素（CO），アンモニア（NH_3），二酸化硫黄（SO_2），硫化水素（H_2S），メタン（CH_4），フッ化物，塵埃などがある．高濃度の NH_3 は眼や呼吸器官にかかわる疾病をもたらす危険性がある．また，多量の塵埃も

眼や呼吸器官の病因となりうるが，特に注意しなければならないのは，塵埃に付着した病原性微生物による疾病の伝播であり，付着微生物と疾病発生との関係はきわめて深い．

2） 水　水はヤギにとって飲料水として重要な役割を果たし，体内水分の約10％を失えば障害が現れ，約20％を失えば死に至る．飲水量は気温の変化と関係し，特に暑熱環境下における水の重要性は大きいものの，他の家畜と比べてヤギの飲水量は少ない．また，水は病原体の感染経路でもあり，飲水によりさまざまな家畜伝染病が媒介されることがある．

3） 飼料　飼料中の化学成分は種類，生育段階，部位，土壌・栽培条件などによって異なり，ある特定成分の過剰あるいは他の成分との不均衡が飼料の嗜好性，消化性あるいは健康状態に影響を及ぼす．タンニンは渋味物質であり，飼料中含量の増加に伴い，嗜好性が低下するが，ヤギにおける感受性は低い．また，飼料中の有害成分や有毒植物は中毒を引き起こす．

e. 生物的環境

生物的環境の構成要素には植物と動物があり，前者は植生や飼料，後者は微生物（ウイルス，細菌，原虫など），衛生動物（内部・外部寄生虫）および野生動物（害鳥獣）を含む．植生としては可食草の量や質，雑草・潅木の侵入の程度，樹木の密度などが放牧ヤギの行動に影響を及ぼし，飼料については，上述のように中毒と関係する有害成分や有毒植物があげられる．病原性微生物や内部寄生虫は直接，ヤギの体内に侵入して影響を及ぼすが，ダニ，カ，ハエ，ブユ，アブなどの外部寄生虫は吸血により伝染病を媒介することがある．また，放牧や放飼されたヤギを野犬が襲ったり，野外分娩後の虚弱な新生子ヤギをカラスや大型猛禽類が襲ったりすることもある．なお，カラス，ハト，ネズミなどがヤギ舎に侵入した場合，ヤギへの給与飼料が盗食されること自体問題であるが，それらの動物が病原体を媒介する恐れがあるため，侵入防止対策が必要である．

f. 社会的環境

ヤギを群飼する場合，個体間，異性間，親子間，異種動物（ヒトを含む）間などの社会関係が存在し，飼料，飲料水または休息場所の獲得や配偶者選択の際には敵対関係がみられる一方，敵対関係とは反対に，身繕い行動を通じて緊張緩和，社会構造の安定化・維持などをもたらす親和関係がある．

4.2 行動管理

家畜の飼い方の基本は行動や生態を知っておくことである．ヤギについても正常な行動と異常な行動の違いを十分に理解し，ヤギが何を要求しているのかを把握することが重要であり，そのためには日々の観察が基本となる．日常飼育においては，採食，飲水，休息，睡眠，反芻，排泄などの個体維持行動を注意深く観察するだけでなく，群飼の場合には，社会行動の観察も肝要である．たとえば，群飼で給餌する際，単に頭数に応じた所要量を飼槽に入れるだけでなく，各個体が飼料を実際に食べているか，他の個体との競合で劣位個体の採食，舐塩および飲水が阻害されていないかの確認が必要である．また，各個体の休息場所が確保されているかどうかにも注意しなければならない．つまり，個体レベルと同時に，個体群レベルでの観察も重要である．

行動を機能的に分類すると，個体維持行動と社会行動があり，それらはおのおのいくつかの行動型や行動単位からなる．

4.2.1 個体維持行動

動物がその生命・生活を守るために表す行動のうち，特に個体維持の必要上表す行動で，社会行動とは区別される．

a. 採食行動

ヤギはウシ，ヒツジ，シカなどの反芻動物と同様，上顎の切歯を欠き，歯茎に相当する部分は硬化しており，歯床板と呼ばれる．しかし，上唇溝があるため，口吻を巧みに動かすことができる．草を食べる際，上唇と舌を動かしながら上顎の歯床板と下顎の切歯で草を挟み，頭を前方上へ動かして食いちぎる．そのため，ヤギは地際まで草を食べることができ，短い草を食べるのに適している．一方，ヤギは直立型マメ科牧草の頂部にある蔓を背伸びして食べることがある（Nakanishi *et al*., 1993）．また，放牧地で草本類が乏しくなると，灌木を前肢で踏み倒して食べたり，後肢立ちで上方にある若枝や樹葉を食べたり，木によじ登ったりする．モロッコ南西部に自生するアカテツ科の小高木（*Argania spinosa*）にヤギが登って樹葉や小枝を採食する光景はよく知られている（図 4.4）．食性の幅が広く，草以外の灌木，新芽，若枝，樹葉あるいは樹

図 4.4 モロッコ南西部に自生する *Argania spinosa* とそれに登って樹葉や小枝を採食するヤギ（Aich, 2003 より引用）

皮まで食べる（草本類の採食を grazing というのに対し，木本類の場合には browsing という）ことから，草本類が少ない土地でも生存可能である．また，ヤギはウシやヒツジが好まない強害雑草や有刺灌木を食べることから，この採食特性が農林地の植生管理（除草・灌木除去）に役立てられる．ヤギが木本類を採食することについては，味覚（苦味・渋味に対する耐性）と関連している．このように，ヤギはウシやヒツジと異なり，植物に対する採食域を平面的に広げる（多種類の植物を食べる）だけでなく，立体的（多様な部位を食べる）に広げることも可能であり，飼料資源を空間的・三次元的に利用する．

b. 反芻行動

反芻動物に特有の行動であり，佇立反芻と横臥反芻がある．採食が終わった後，嚥下した飼料を吐き戻しては咀嚼し，再び嚥下する一連の行動を繰り返す．反芻行動はまどろみを伴うことが多い．吐き戻し回数および吐き戻した食塊（bolus）を咀嚼する回数は摂取した飼料の種類，量または質によって異なる．一般に，飼料中の繊維質が多いと反芻時間が長くなる．

c. 休息行動

休息行動は疲労の回復やエネルギー消費の低減のために必須のものであり，睡眠や反芻を伴うことがある．休息には佇立と横臥があり，横臥休息はときに快適状態の指標となりうる．また，放し飼い運動場や放牧地内に岩や盛土など

の高所があると，そこを休息場所としてよく利用する．

d. 睡　眠

　睡眠は身体および脳の疲労回復において重要な意味を持ち，睡眠を妨げられた場合にはそれが心理的ストレスとなる．ヤギ，ウシおよびヒツジなどの反芻動物では，睡眠に占めるまどろみ（眼を半開きにした状態）の割合が大きく，これは外敵から身を守るため常に気を配っているという野生状態の名残である．睡眠は脳波の違いによって大きく徐波睡眠（δ 波）と逆説睡眠（θ 波）に分けられる．逆説睡眠は浅い眠りで，覚醒時に似た波形を示すとともに，急速な眼球運動を伴うことから，レム（rapid eye movement の頭文字をとって REM）睡眠とも呼ばれる．これに対して，徐波睡眠は熟睡型であり，ノンレム（non-REM）睡眠と呼ぶ．なお，上述のまどろみは覚醒とノンレム睡眠の中間型である．ヤギ（日本ザーネン種）の場合，レム睡眠は約 1 時間，ノンレム睡眠は約 2.5 時間である（萬田ほか，1984）．

e. 排泄行動

　排泄行動は排尿（urination）と排糞（defecation）に分けられる．排泄行動には，体内の不消化物を排出するという生理的な意味があるだけでなく，心理的な意味があり，緊張時，新奇環境におかれたとき，求愛時などにも排泄を行う．ウシやヒツジと同様，ヤギも基本的には時と場所に関係なく排泄するが，室内で飼育されたヤギで一定の場所に排泄するよう躾けられた個体もいる．

f. 体温調節行動

　ヤギは恒温動物であり，温熱環境の大きな変化に対しても比較的一定の体温を維持することができるように振る舞う．夏期暑熱時には，庇陰行動（日除け）や熱性多呼吸（浅速呼吸，panting）などがみられ，冬期寒冷時には，庇陰行動（風雨または雪除け），日光浴，うずくまり，群がりなどがみられる．

g. 身繕い行動

　擦りつけ，掻き傷，尻尾振り，皮筋による震撼などがあり，生理的には，痒覚刺激に対する反応であるが，身体衛生上の意義もある（護身行動）．

h. 探　索

　新奇な環境におかれたとき，周辺環境に対し，それが何であるかを見きわめようとする行動で，五感を通して認知する．探索の対象が動物の場合，社会的探査行動となる．

i. その他

移動には，採食，飲水または休息場所への移動という目的が明確な走行や歩行のほか，目的不明な彷徨や遊歩がある．遊びは子ヤギで多くみられ，健康状態の指標となりうる．

4.2.2 社会行動

同種内または異種の複数個体間で成立する行動である．ヤギは群れる習性を持つと同時に，一定の個体間隔を保とうとする習性を持っており，それらは社会的順位に反映する．群内の敵対（優劣）関係，親和関係，性的関係，母子関係および人間あるいは他の動物との関係がある．

a. 敵対行動

ヒツジと比べてヤギの群れる習性は弱いものの，群内における個体間の優劣関係は明瞭であり，攻撃性，年齢，体格，体重，品種，性，血統，先住期間，角の有無・長さ，個体差などが社会的順位の決定要素である（Miranda-de la Lama and Mattiello, 2010）．ヒツジやウシと比べ，舎飼いヤギ群においては飼料採食競合が激しいため，制限給餌の場合には飼槽の数を増やしたり，飼槽間隔を広げたりして，劣位個体にも採食の機会が与えられるような工夫が必要である．

従来，ヤギは相対的直線順位型に属するとされてきた（黒崎，1997）が，群によっては劣位個体が優位個体を絶対に攻撃しない場合もあることから，絶対的直線順位型との中間型と考えられる．順位の確立時期は，母子が分離し，子ヤギどうしの接触が開始する離乳期〜性成熟期（約6カ月齢）と考えられている（Orgeur et al., 1990；Miranda-de la Lama and Mattiello, 2010）．

社会的順位は採食行動に影響を及ぼし，高密度飼育の場合，優位個体が採食している間，飼料採食競合により劣位個体は飼槽に近づけず，前者の採食が終わるまで後者は待たなければならない（Jørgensen et al., 2007）．この採食順番待ち時間が長くなり，劣位個体に採食の機会が十分与えられない状態が続くと，養分不足をきたし，生産性の低下をもたらす．したがって，一般的には，優位な個体ほど生産性も高く，劣位な個体ほど生産性は低い．ただし，給餌方法を工夫したり，飼育密度を下げたりするなど飼養管理条件を改善することによって劣位個体にも採食の機会が与えられ，飼料採食競合が緩和されるものと考え

られる．

b. 親和行動

親和行動は敵対行動とは対照的に，群の安定化をもたらす懐柔的な行動である．ウシにおいては社会的舐め行動が頻繁にみられ，この行動が緊張緩和機能を持ち，社会的絆の形成に重要であるが，ヤギでは少ない．毛繕い，におい嗅ぎ，接触（寄り添い）および擦り付けのほか，乳房の付け根辺りへの舐めもみられる（Miranda-de la Lama and Mattiello, 2010）．

c. 性行動

性行動は性的誇示（異性に対して視覚的刺激を与える），性的探査行動（交尾相手を嗅覚的に探し出す），求愛行動（相手に触覚的刺激を与え，交尾に誘い込む）および交尾行動（外生殖器の接触）という一連の行動からなり，一定の順序で現れる行動連鎖である．ウシ，ヒツジおよびヤギの性行動パターンは基本的に同様である（図4.5）．性的探査行動において雄は雌に対し，上唇を反転させるフレーメン（flehmen）を示す．

ウシ，ブタ，ニワトリ，アヒルなどは周年繁殖動物であるのに対し，ヤギ，ウマ，ヒツジなどは季節繁殖動物であり，特にヤギは日長が短くなると繁殖期を迎える短日性季節繁殖動物である．ただし，品種や地域によっては周年繁殖

図 **4.5** ウシ，ヒツジおよびヤギの性行動パターン（Alexander *et al.*, 1974をもとにして作成）

化し，秋以外でも発情がみられる．

d. 母性行動

1） 分娩前の行動　多胎性で子が生時に無毛であるブタ，ウサギ，ラットなどは分娩前になると巣づくりを行うかまたは巣づくり様行動を示すが，単胎性で子が生時に有毛であるヤギ，ウシ，ウマ，ヒツジなどは示さない．

2） 分娩後の行動　ウシ，ウマおよびヒツジと同様，ヤギは分娩直後に羊水で濡れている新生子ヤギの体をしきりに舐め，分娩後に排出される後産（胎盤）を食べる．子に対する舐め行動は出生直後の濡れた被毛を乾かすことによって体温を保持する役割を果たす．この舐め行動中に母ヤギが嗅覚的に刷り込まれ，自分の子ヤギのにおいを記憶する．その結果，自分の子ヤギのみに哺乳する．哺乳姿勢については，ウシ，ウマおよびヒツジと同様，母子が互いに体軸を平行にして母ヤギが子ヤギに乳を飲ませる．

e. 社会的探査行動

ヤギ群を新たに編成したり，既存群に新参個体を導入したり，長期間隔離した個体をもとの群に戻したりした場合，お互いが五感を介して認知しあう．個体間距離が離れている場合には，視覚や聴覚によって認知しようとするが，接近した場合には，嗅覚的に相手を探査する．また，雌雄混成群の場合，性行動（性的探査行動）に移行することがある．

f. 遊 び

子ヤギどうしの遊びは個体レベルの遊びと同様，健康状態の指標として位置づけられるとともに，成長後の敵対行動や性行動の発現に重要な意味を持つものと考えられる．

g. 他の動物あるいはヒトとの関係

ヤギはウシまたはヒツジと一緒に放牧される（後出の混牧）ことがあり，基本的には畜種ごとの群単位で行動するが，両者が混じりあうことはまれである．また，遊牧地域においてはウシ，ラクダ，ウマあるいはヒツジとともにヤギが飼われており，移動や移牧の際，ヒトに馴れやすい習性を利用してヤギにそれぞれの群れを先導させることでヤギが仲介者的役割を果たす．

野生化したヤギは警戒心やヒトに対する逃避反応が強いが，人為管理下で育てられた子ヤギはよくヒトに馴れ，成畜になっても人懐こい．特に，乳用種の子ヤギを人工哺乳すると，その後，当該個体が泌乳ヤギとなった際，搾乳者に

よく馴れる．ただし，遊戯的か敵対的か不明であるが，ヒトに対して頭突きや角突きを行うヤギがいるため，怪我をしないよう注意が必要である．

4.3 舎飼いと放牧

4.3.1 舎飼い

飼育目的や拘束の程度によって繋ぎ飼い，舎内放し飼い，運動場放し飼いなどがあり，日本の場合，舎飼いが多い（主税ほか，2013）．群飼では，飼育密度と群の大きさをどのくらいにするかが重要な課題である．

a. 飼育密度

ヤギ1頭当たりの占有面積（m^2/頭）またはその逆数である単位面積当たりの頭数（頭/m^2）で表され，品種，性，月齢，体格，生理状態（雄または去勢，経産または未経産，泌乳または乾乳など），飼育目的および収容方式などによって異なる．飼育密度（stocking density）は群内の敵対行動やそれに起因する採食行動に影響を及ぼし，飼育密度を高めると，採食中の攻撃行動が増加する一方，採食時間は減少することが知られている．ヤギの飼育密度に関する知見は少なく，品種，体重，収容方式（単飼か群飼）などによって異なり，成畜で0.5～8.0 m^2/頭が推奨されている（Kilgour and Dalton, 1984；Toussaint, 1997；田中・中西，2005；Solaiman, 2010）．なお，わが国の有機畜産基準（有機畜産物の日本農林規格，2005年制定）における成畜1頭当たりの最低面積は2.2 m^2，EUの有機畜産基準（Council Regulation (EC) No. 1804 / 1999, 1999年制定）では1.5 m^2 となっている．

b. 群の大きさ

群の大きさ（group size）とは，群の構成頭数のことであり，適正規模についてはヤギが認識または記憶可能な頭数をこえないことが望ましい．飼育密度が同じでも群が大きくなると社会的促進作用によって飼料摂取量が増加する一方で，生産性には差がないとする報告があり（Van *et al.*, 2007），一致した見解は得られておらず，適正規模に関する知見が求められる．

4.3.2 放　　牧

a. 草地（草地の種類と利用）

草地は自然草地（厳密に自然草地と呼ばれるものは少なく，日本の場合，そのほとんどが半自然草地であり，牧野あるいは野草地とも呼ぶ）と人工草地（改良草地あるいは牧草地とも呼ぶ）に分けられる．野草および牧草ともおのおのの種類によって生産量に大きな変動がみられるが，乾物収量は概して前者よりも後者で高い．また，利用期間による分類では永年草地，短年草地（牧草と穀物を交互に栽培する輪作方式）および一時草地に分けられる．なお，森林においても林床には下草が存在しており，これを利用する場合には林内草地として草地に含めることがある．

草地を利用区分から分類すると，放牧地と採草地に分けられ，前者はウシ，ウマ，ヒツジ，ヤギなどの草食家畜に草を自由に採食させながら放し飼いする粗放かつ省力的な飼育管理を行うためのものであり，一方，後者は放牧地以外の余剰草（一部は放牧地の再生草）を飼料不足時の貯蔵飼料（乾草やサイレージ）として収穫するためのものである．また，両者を交互に利用する兼用草地がある．

改良草地の場合，放牧地および採草地とも造成後，経年的に草の収量が減少するため，雑草の侵入や土壌流失によって裸地が増大した場合には草地更新（不耕起・追播あるいは全面耕起・播種）が必要となる．なお，一年生牧草については毎年播種しなければならない．

b. 放　　牧

牧草地や野草地を適正に放牧利用するためには，面積や草量に応じた放牧を行う必要があり，下記の放牧方法がある．なお，草地以外の林地，畦畔あるいは耕作放棄地などに放牧する際，異物（ビニール，紐，古紙，空き缶，金属片，釘，空き瓶，ガラス片など）や有毒植物に対する注意が必要である．特に，耕作放棄地では異物やゴミが不法投棄されている場合があり，ヤギは好奇心旺盛なため，誤食する危険性がある．

1）連続（または定置）放牧　　連続放牧（continuous grazing）とは，草地の一定面積を牧柵で囲い，期間を通して1カ所にヤギを放す方法であり，省力的である反面，嗜好性の劣る草が残ったり，踏みつけによるロスが生じたりして植生が不均一になるという短所がある．

2） 輪換放牧　　輪換放牧（rotational grazing）は上述の連続放牧の問題点を解消するため，放牧地を牧柵でいくつかの牧区に仕切り，数日間で各牧区をローテーションさせながら放牧する効率的な方法である．

3） 帯状放牧　　帯状放牧（strip grazing）は輪換放牧の最も集約的な方法であり，1回の放牧に必要な面積を電気柵で帯状に区切って毎日輪換する集約的な放牧方法である．踏圧や糞尿汚染によるロスを最小限にすることができる利点がある．乳用牛などの集約酪農でみられるが，ヤギではほとんどみられない．

4） 時間制限放牧　　時間制限放牧（on and off grazing）は夏期暑熱時に昼間の暑さを回避するため，朝夕の涼しい時間帯だけに放牧する方法である．

5） 先行・後追い（または時間差）放牧　　先行・後追い放牧（first-last grazing）は，栄養要求度の異なる2つ以上の群または食性の異なる畜種の群を順番に放牧する方法である．前者は育成ヤギ（成長中で，養分要求量が高い個体群）を放牧した後に成ヤギ（維持要求量を満たせば十分な個体群）を放す方法である．一方，後者はウシを放牧した後に掃除刈り目的でヤギ，ヒツジあるいはウマを放す方法であり，ニュージーランドやアメリカなどでみられる．また，最初から異種家畜を同時に放牧する方法を混牧（mixed grazing）と呼ぶ．

6） 林内放牧　　林内放牧（forest grazing）は林床の下草を飼料としてヤギに採食利用させることにより育林作業（下刈りやつる切り）を省力化する方法であり，ヤギの糞尿は樹木の肥料となる．林業と畜産が有機的に結合した林畜複合生産システムの1つである．ただし，シカのように，ヤギも立木に被害（樹葉・樹皮・小枝の採食や擦り付けなど）を与えることがあるため，保護しなければならない樹種の場合には被害対策が必要である．

7） 繋牧　　繋牧（tethering）は厳密にいえば，完全な放牧ではないが，放し飼いに近い状態で草を採食させるため，半放牧方式である．地面に打った杭にチェーンやロープを用いてヤギを繋ぎ，ヤギが届く範囲内の草を採食させ，草がなくなったら杭を順次移動していく方法である．また，2本の立木や支柱を利用してレールやワイヤーを張り，両端の間をヤギが移動できるようにチェーンやロープなどでつなぐ方法もある（図4.6）．いずれの方法もチェーンやロープなどがヤギの頸・四肢，レール，ワイヤー，立木および支柱に絡まないような工夫が必要である．

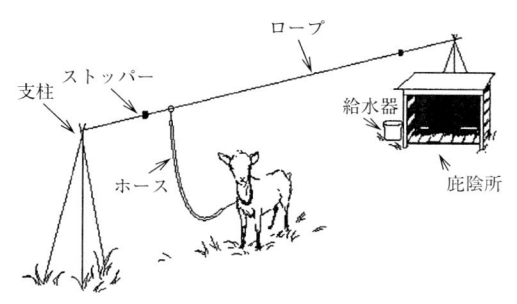

図 4.6　ヤギのワイヤー式繫牧（髙山ほか，2009 より引用）

c. 放牧施設

　放牧はヤギを放し飼いする省力的飼養技術ではあるが，最低限度の施設は必要である．放牧ヤギの省力管理と草地の効率的利用を図るとともに，ヤギが利用しやすく，管理者の作業動線を考慮した配置が必要である．ただし，過剰な設備投資にならないよう廉価な資材を用いるべきである．

　1）　牧　柵　　放牧地からヤギが脱走したり，外敵の侵入を防いだりするためには牧柵が不可欠である．必要に応じて外柵と内柵を設けることがある．外柵には頑丈な材質を用いて確実に脱柵や外敵侵入を防止しなければならないのに対し，内柵は輪換放牧や帯状放牧などで牧区を設けるために用いるものであり，外柵ほどの強度を要せず，容易に移動・設置できるものがよい．必要に応じ，捕獲用追い込み柵，誘導柵または保護柵（保存樹木への食害防止）を設ける．資材の面から分類すると，木柵，有刺鉄線，電気柵，ネット柵（廃用魚網や海苔網などで代用可）などがあるが，ネット柵についてはヤギの頭部や角が絡まないような大きさの目合いにする．

　2）　給水施設　　既述したように，ヤギはあまり水を飲まないため，頻繁に給水する必要はない．ただし，夏季暑熱時には飲水量が増えるため，給水が必要である．放牧地内に小川や沢水がある場合にはそこを飲水場所として利用させるが，放牧地外にしか水源がない場合，水源から取水してパイプを通じ，水槽に貯える．しかし，水源からの湧水利用が困難な場合には天水（雨水）を利用することがある．

　3）　庇陰林または庇陰舎　　放牧地内に森林がある場合，立木を伐採せず，一部を残し，ヤギが直射日光や風雨を避けることができるように庇陰林として

利用する．林内放牧地では，樹木が庇陰林としての役割を果たす．庇陰舎を設ける場合，ヤギは水たまりや湿気を嫌うため，高床式あるいはスノコ式にすることが望ましい．

4) 餌付け施設 看視や捕獲を容易にするため，ヤギがよく集まる庇陰施設や追い込み柵付近で補助飼料を与えるかまたは舐塩台を設けて餌付けしておく．

5) ダニ駆除施設 ウシの場合，マダニ類が吸血し，失血の被害とともに，小型ピロプラズマ症（タイレリア原虫の内部寄生により感染・発症）を媒介するため，後者が放牧病として問題視されるが，日本におけるヤギでの発症例はない．ただし，マダニ類の寄生が多く，失血量も多い場合には，貧血状態となり，削痩・衰弱することがある（マダニ1個体が1cc吸血する場合もある）．したがって，マダニ対策として薬剤防除を行う必要があるが，簡易で省力的な方法や施設が求められる．追い込み場などで捕獲可能な場合には，ヤギを保定し，背中の背線に沿って液剤を滴下するポアオン法によるが，捕獲できない場合には，ウシと同様，粉末剤入りの麻袋を防水カバーに収納し，ヤギが頻繁に通る場所に吊り下げ，背中に触れるようにするダストバッグ法による．また，最も省力的な方法として，薬剤が浸み込んだ耳標を装着するイヤータッグ法があるが，効果が頸部や前駆に限られる欠点がある．

4.4 一般管理と特殊管理

4.4.1 一般管理

日常的に行われる主な飼育管理作業として以下のものがある．

a. 給餌・給水

飼槽・給水器・舐塩台の清掃，飼料の調製（細切，粉砕，混合，攪拌など），飼料の秤量・分配，採食行動（群飼では，飼料採食競合の状況）の観察

b. 生産物の採集・処理（乳用種の搾乳，乳処理，出荷など）

搾乳の際，血乳（血液中の赤血球の一部がそのまま移行した淡紅色から鮮紅色の乳）が生じることがあるが，原因がはっきりしていない．乳用牛の場合，若ウシの初乳でしばしばみられ，乳房炎，外傷，ケトーシス，胎盤停滞，ホルモンやビタミンなどの代謝異常，肝機能低下などによって血乳を生じる場合も

あるが，軽度であれば処置しなくても 3～10 日で回復する（河田，2000）．ヤギの場合，分娩直後や泌乳能力の高い個体で発生する傾向があり，乳房炎になると血乳が出ることもあるが，血乳が出たからといってそれが原因で乳房炎になるとは限らない．これまで，乳腺毛細血管の損傷，飼料給与のストレス，乳房への物理的な衝撃，ビタミンやミネラルの過不足，分娩後の乳汁合成不全（未発達な乳腺上皮細胞）などにより発生することが経験的に知られている（今井，新出，名倉，飛岡および白戸，私信）．ヤギ乳をしばらく静置して溶血反応がみられた場合，全身的な障害によるものが多い．治療法としては，ビタミン K や止血剤の投与があり，1 週間程度で快復する．血乳の出荷・販売はできないが，乳房炎乳でなければ子ヤギに哺乳しても支障はない．

c. 除糞・敷料交換

糞便の搬出，洗浄，ワラ・鋸屑あるいは籾殻の交換など．

d. 健康状態の確認

糞便の性状，毛並み，反芻行動発現の有無，発情あるいは分娩徴候，怪我・病気の有無，遊び行動発現の有無（子ヤギ）など．

e. 哺乳（乳用種）

肉用種については自然哺乳が一般的であるが，乳用種で母ヤギの乳を飲用乳として利用する場合には，子ヤギを人工哺乳で育てる．新生子ヤギには免疫がなく，母乳を介しなければ免疫物質を獲得できないため，確実に初乳を与えなければならず，自力で飲めない場合には，母ヤギから搾った初乳を強制的に飲ませる．もし，母ヤギが母子感染する病気（ヤギ関節炎・脳脊髄炎や進行性肺炎など）に感染したり，分娩後に死亡したりした場合，他の母ヤギの初乳で代用するか酪農家から乳用牛の余剰初乳を入手し，最低 3 日間与える．その後，全乳に切り替え，子ヤギの体重の約 20％相当量を 1 日 3～4 回に分けて与える．母乳が利用できない場合には，牛乳やヒト用粉ミルクで代用したり，市販のヤギ用代用乳を利用したりする．子ヤギは 2 週齢を過ぎると，固形飼料に関心を示して遊び食いを始めるので，人工乳（餌付け用濃厚飼料）を少しずつ給与する．40 日齢になると哺乳を 1 日 1 回に制限して固形飼料に切り替え，3 カ月齢前後で離乳する．

4.4.2 特殊管理

日常的ではないが，ヤギの成長段階，性別，用途などによって行う飼育管理作業として以下のものがある．

a. 個体標識

耳標を装着したり，白髪染めや脱色剤などで両側に番号や記号を書いたり，個体を識別しやすいようにする．

b. 除 角

角傷をなくし，個体間の競合を緩和するため，7～10日齢で頭の角根部を鉄パイプや電気ゴテ（半田ゴテで代用可）で焼くか苛性カリ溶液を塗布する．成畜の場合は除角鋏で切断するが，切断後に焼烙止血が必要である．

c. 分 娩

分娩後には子ヤギが起立して吸乳し，後産が排出されるのを確認する．子ヤギが2時間以上経っても吸乳しない場合には哺乳を介助する必要がある．子ヤギは初乳を通じて免疫抗体を獲得するため，哺乳は早ければ早いほどよい．また，早期の哺乳が後産の排出を促進するという報告もある．したがって，子ヤギの免疫抗体獲得，胎便排泄（子ヤギの初回排糞）の助長および母胎の後産停滞防止の面から，早期の哺乳はきわめて重要である．

d. 離 乳

乳用ヤギの場合，母ヤギの初乳を十分に飲ませた後，分娩後3日以内に親子分離し，母ヤギは搾乳され，子ヤギは人工哺乳される．肉用ヤギの場合は分娩後そのまま自然哺乳させ，3カ月齢前後で親子分離する．

e. 去 勢

種畜として残さない場合，生後2週間～1カ月齢で去勢するが，早く行うほうがヤギへのストレスが少なく，術者の手間もかからないため，遅くとも3カ月齢までには終える．外科的に陰嚢を切開して精巣を摘出する観血去勢とゴムリングや去勢器で輸精管を挫滅する無血去勢がある．なお，日齢が進んで血管が発達すると，ゴムリング結紮では完全に血流を遮断できない場合がある．その結果，陰嚢が腫脹して外科的処置を要することがあるため，早期に行うことが望ましい．

f. 削 蹄

放牧や放し飼いの場合，ヤギの蹄は自然摩滅するが，舎飼いの場合には削蹄

しなければならない．特に，ヤギ房内に敷料を投入している場合には蹄の摩滅が少ないため，そのままにして伸び過ぎると歩行困難になったり，肢蹄不良（趾間腐爛）になったりすることがある．蹄の伸長には個体差があるため，1～2 カ月ごとのチェックが必要である．ウシには専用の削蹄器具が必要であるが，ヤギの場合には剪定鋏や万能鋏で代用できる．

g. 輸　送

輸送のための車両積み降ろしでは，荷台後尾に緩やかなスロープを設けるか，荷台の低い車両を使用することで作業の円滑化を図る．輸送中，ヤギは揺れや振動によってストレス反応を示し，その様相は輸送時間，輸送距離，道路状況または運転者の熟練度などにより異なる．また，複数個体を輸送する場合，できる限り同一牧場の同居個体どうしで運搬し，異なる牧場からのヤギを乗り合わせないようにする．これは肉体的ストレス（揺れや振動による疲労）に社会的ストレスが付加されることを避けるためである．なお，暑熱・乾燥条件下でヤギを長距離輸送する場合，抗ストレス剤としてのビタミン C（アスコルビン酸）を与えることで輸送による影響を緩和する方法が開発されている（Minka and Ayo, 2012）．

h. 屠畜（肉用ヤギ）

屠場に搬入されたヤギは屠畜場法に基づき，食肉衛生検査所の屠畜検査員（獣医師）により生体検査を受ける．屠殺後，解体前検査（血液検査）を行い，その後，解体後検査として頭部・内臓検査と枝肉検査が行われる．なお，12 カ月齢以上のヤギについては伝達性海綿状脳症（TSE）検査を受けなければならない． 〔中西良孝〕

参 考 文 献

阿部和司・菅原　伯（1994）：家畜の生産性ならびに生理機能に及ぼす騒音の影響．畜産の研究，**48**：689-692．
Aich, A.E.（2003）：News from Morocco. *IGA Newslett.*, **25**.
Alexander, G., Signoret J.P., Hafez, E.S.E.（1974）：Reproduction in Farm Animals（Hafez, E.S.E., ed.）, p.222-254, Lea & Febiger.
主税裕樹・大島一郎・髙山耕二（2013）：わが国における山羊飼養の実態―アンケート調査の結果から―．日暖畜報，**56**：167-170．
石橋　晃・板橋久雄・祐森誠司・松井　徹・森田哲夫（2011）：動物飼養学，養賢堂．

Jørgensen, G.H.M., Andersen, I.L., Bøe, K.E. (2007): Feed intake and social interactions in dairy goats-The effects of feeding space and type of roughage. *Appl. Anim. Behav. Sci.*, **107**: 239-251.

河田啓一郎 (2000): 新編酪農ハンドブック (廣瀬可恒・鈴木省三編), p.434-482, 養賢堂.

Kilgour, R. and Dalton, C. (1984): Livestock Behaviour, Methuen Publications, N.Z.

黒崎順二 (1997): 改訂版家畜行動学 (三村　耕編著), p.68-78, 養賢堂.

萬田正治・堤　知子・山本彰治 (1984): 山羊の睡眠に関する研究. 鹿大農学術報告, **34**: 75-82.

Minka, N.S. and Ayo, J.O. (2012): Assessment of thermal load on tranported goats administered with ascorbic acid during the hot-dry conditions. *Int. J. Biometeorol.*, **56**: 333-341.

Miranda-de la Lama, G.C. and Mattiello, S. (2010): The importance of social behaviour for goat welfare in livestock farming. *Small Rumin. Res.*, **90**: 1-10.

Nakanishi, Y., Tsuru, K., Bungo, T., Shimojo, M., Masuda, Y., Goto, I. (1993): Effects of growth stage and sward structure of *Macroptilium lathyroides* and *M. atropurpureum* on selective grazing and bite size in goats. *Trop. Grassl.*, **27**: 108-113.

Nienaber, J.A. and Hahn G.L. (2007): Livestock production system management responses to thermal challenges. *Int. J. Biometeorol.*, **52**: 149-157.

Orgeur, P., Mimouni, P., Signoret, J.P. (1990): The influence of rearing conditions on the social relationships of young male goats (*Capra hircus*). *Appl. Anim. Behave. Sci.*, **27**: 105-113.

Silanikove, N. (2000): Effects of heat stress on the welfare of extensively managed domestic ruminants. *Livest. Prod. Sci.*, **67**: 1-18.

Solaiman, S.G. (2010): Goat Science and Production, Wiley-Blackwell.

Syme, G.J. and Syme, L.A. (1979): Social Structure in Farm Animals, Elsevier Scientific Publishing.

高山耕二・岩崎ゆう・福永大悟・中西良孝 (2009): 山羊放牧による水田畦畔の植生管理. 鹿大農学術報告, **59**: 13-19.

田中智夫・中西良孝 (2005): めん羊・山羊技術ハンドブック, 畜産技術協会.

Tourssaint, G. (1997): The housing of milk goats. *Livest. Prod. Sci.*, **49**: 151-164.

津田恒之・小原嘉昭・加藤和雄 (2004): 第二次改訂増補家畜生理学, 養賢堂.

Van, D.T.T., N.T. Mui and I.Ledin (2007): Effect of group size on feed intake, aggressive behaviour and growth rate in goat kids and lambs. *Small. Rumin. Res.*, **72**: 187-196.

山本禎紀 (1991): 家畜の管理 (野附　厳・山本禎紀編), p.33-49, 文永堂出版.

5. ヤギの栄養

5.1 体成分

　肉を生産する家畜において，体の構成を考える場合，一般に，枝肉と非枝肉部分に分けて考える．このとき，枝肉重量や枝肉割合（歩留り）は，家畜の生産効率を知るうえで重要な指標となる．ヤギの場合，枝肉割合は反芻胃が発達する前の幼畜で高く，成長（筋肉形成）と反芻胃の発達に伴い減少するが，成熟して脂肪の蓄積が起こると再び増加する．2010～2011 年にかけてラングストン大学アメリカヤギ研究所（AIGR）[注1] で調査された，成長期（7.5 カ月齢，体重 43.9 kg）のボア種（雄 71 頭，雌 70 頭，高品質 TMR[注2] 給餌）における枝肉および非枝肉の構成成分の平均値とその割合を表 5.1 に示した．ヤギの枝肉歩留り（屠殺時の生体重に対する枝肉量の割合）は，品種，年齢，飼養条件などの影響を受け，4～6 割程度で変動する．性別や去勢の有無は，性成熟前では枝肉歩留りに影響しないが，性成熟に達する年齢をこえると違いを生じる．条件にもよるが，ヒツジと比べてヤギの枝肉歩留りは低く，枝肉部位の割合も異なる（Webb *et al*., 2005）．

　ヤギの消化の仕組みは後述するが，非枝肉部分で最も大きな部分を占めるのが第一胃と第二胃を併せた反芻胃とその内容物である．反芻胃の容量は，一般に体重の増加に伴って大きくなることが知られており，以下の計算式から推定することができる（NRC, 2007）．

$$反芻胃の容量(L) = 0.77 \times 体重(kg)^{0.57} - 3.49$$

　この式を用いると，たとえば体重 40 kg のヤギの反芻胃の容量は約 2.8 L と計算でき，採食量の大まかな目安となる．また，生草や乾草を主体に給与されている場合は，反芻胃における滞留時間が長いため，濃厚飼料多給の環境下よ

表 5.1 ボア種における体の構成割合

		頭数	平均値 [kg]	標準誤差	%
体重[1]		141	41.7	0.70	100.0
枝肉部分		141	21.9	0.38	52.5
非枝肉部分	血液	141	1.3	0.03	3.2
	四肢	140	0.9	0.02	2.3
	頭	141	2.7	0.05	6.4
	皮膚・皮毛	141	3.8	0.10	9.2
	尾	141	0.2	0.00	0.4
	肺および器官	141	0.4	0.01	0.9
	肝臓	141	0.7	0.01	1.7
	心臓	141	0.2	0.00	0.4
	脾臓	141	0.1	0.01	0.2
	腎臓	141	0.1	0.00	0.3
	内臓脂肪	141	2.8	0.10	6.7
	消化管内容物	141	3.9	0.15	9.4
	消化管	141	2.2	0.05	5.3
	生殖器（メス）	44	0.1	0.01	0.3
	生殖器（オス）	71	0.3	0.01	0.7

AIGR における 2010 と 2011 年のデータをもとに作成．
1) 24 時間絶食後の屠殺前体重 [kg]．

りも容量が大きくなることや飼料摂取量に応じて容量が変化することなどが知られている．反芻胃の内容物重量は，体重に直接反映されるため，屠殺時体重を絶食前と絶食後のいずれの値を用いるかによって枝肉歩留りの値は大きく異なる．一例であるが，ペレットタイプの高品質 TMR で飼育したボア種の去勢雄（平均月齢 10 カ月，平均体重 41.6 kg）18 頭の空腹時と満腹時の体重には，最大で 3.0 kg の差があった．ちなみに，ヤギでは非枝肉部分も，多くの国や地域で利用される．血液や皮膚，消化器官，雄の精巣などは可食部あるいは薬として用いられ，皮，角，尾および四肢も工芸品などに加工される．

　牛肉で格づけの指標となる枝肉構成割合は，筋肉，脂肪および骨で示される．一般には，幼畜の骨割合が高く，成長に伴って筋肉と脂肪の割合が増加する．2001～2012 年に国際学会誌で報告されたヤギの枝肉構成割合は，筋肉 64.0（57.7～66.4）%，脂肪 12.8（7.4～20.5）%，骨 23.5（16.2～30.1）% であったが，これらの数値は，品種，性別（去勢の有無），生育段階，飼養条件によって異なる．たとえば，肉用の大型品種では脂肪割合が高く，小型在来種では脂肪が少なく，骨割合が高い．乳用種では，脂肪が内臓に蓄積する傾向にあるので，

枝肉の脂肪割合は低い．品種と飼養条件が同じであれば，離乳後の雌は雄よりも脂肪が多くなる．高栄養の飼料を給与した場合や成熟度が進んだ場合も脂肪含量が高くなる．また，ヤギとヒツジを比較すると，ヤギ肉のほうが高タンパク・低脂肪であることはよく知られているが，これは，ヤギの成長に伴う皮下・筋間・筋肉内脂肪の蓄積が遅いことと，脂肪が内臓に蓄積しやすいことに起因する（Webb *et al.*, 2005）．

　枝肉の化学組成は，栄養価だけでなく，品質や風味，食感に大きく関係する．たとえば，筋肉内の脂肪と水分の含量は，肉汁の多さや調理損失に直結する．羊肉に比べてヤギ肉のきめが粗く感じるのは，ヤギ肉の筋肉繊維が太く，長いことと，脂肪割合が小さいことと関連している．また，ヤギ肉では屠殺後の冷却時における水分損失量が多いことも報告されている．一般に，成長に伴って蛋白質と脂肪が増加し，水分が減少することが知られており，このことがヨーロッパや南米で，離乳前の子ヤギの肉が，風味もよく，ジューシーで柔らかい上質肉として特に好まれている理由であろう．ただし，化学組成は年齢だけでなく，品種や性別（去勢の有無），成熟度，飼養条件，測定部位によっても大きく異なる．特に，灰分は，骨の割合を大きく反映するため，同じ個体であっても測定部位によって値が異なる．表 5.2 に，前述の調査で得られた成長期のボア種における骨を含む全枝肉と非枝肉部分の化学組成を示した．また，ヤギ肉（筋肉）の化学組成[注3]については，水分 74.6（71.5〜77.9）%，蛋白質 20.9（18.9〜23.0）%，脂肪 2.8（0.9〜5.7）%，灰分 1.1（1.0〜2.2）%程度である．ヤギ肉成分のさらに詳しい組成については，第 9 章で述べる．

表 **5.2** ボア種の体成分（原物中%）

部　位	水分	蛋白質	脂肪	灰分
枝肉	62.9	16.8	17.1	3.1
非枝肉	62.2	17.3	17.4	3.1

AIGR における 2010 と 2011 年のデータをもとに作成．

5.2　消化と吸収

5.2.1　消化の仕組み

　草食動物であるヤギは，特徴的な歯と胃を持っている．前歯については，上

顎に切歯と犬歯が存在せず，下顎は切歯が草を切りやすいように変形しており，奥歯は臼歯の咬合面が平らでひき臼状となっている．胃は第一胃から第四胃まで4つに分かれていて，第一胃から第三胃までを前胃と呼ぶ．前胃には消化酵素の分泌機能がなく，第四胃はブタやヒトなどの単胃動物の胃に相当する．第一胃はルーメンとも呼ばれ，細菌，原生動物，真菌などの微生物が生息しており，第一胃内に入った飼料を発酵するとともに，微生物が自己の増殖に利用する．また，第一胃は発酵産物を吸収するほかに，血中から取り込まれた尿素などを第一胃内に拡散させる機能を持つ．第二胃は第一胃と同様の発酵や吸収の機能を持つため，第一胃と合わせて反芻胃と呼ぶ．ヤギはヒトが利用できない繊維質の草，作物残渣などを摂取し，体内で蛋白質を生合成することによって体の維持や生産が可能であるが，主な飼料である繊維の消化には，飼料の摂取後に反芻が必要となる．反芻とは，口から摂取した飼料を第一胃内に入れた後，食道を通じて再度，食塊を口腔に吐き戻し，再咀嚼する動作であり，第二胃の収縮と食道の逆蠕動運動によって引き起こされる．口腔に吐き戻された飼料は噛み砕かれるとともに唾液と混合され，再度，第一胃へ飲み下される．反芻によって第一胃内での飼料の容量が減り，より多くの飼料が摂取できると同時に，飼料の表面積を増やし，微生物による分解を受けやすくすることで，飼料の消化性を高めることも可能となる．また，第二胃は，内容物を第三胃へ移送するほかに，第一胃噴門部から第三胃口にわたって第二胃溝を形成し，離乳前の子ヤギにおいて，反芻胃を経ずに食道に入った母乳を第三胃へ直接移送する機能を持つ．第三胃では主に水分とミネラルの吸収が行われ，それまでの消化が不十分な物質は第二胃に戻される．第四胃は粘液，胃酸などを分泌するが，消化機能は単胃動物に劣っている．

ヤギは第一胃内に主として細菌，原生動物および真菌を共生させており，これらの微生物は，次の3つの重要な働きによってヤギの健康を支えている．①セルロースやヘミセルロースなどの繊維成分を発酵し，ヤギが容易に吸収，利用できる揮発性脂肪酸を生成する．②非蛋白態の窒素源をヤギが利用可能な微生物体蛋白質に変える．③ヤギの体内でビタミンB群やビタミンKを合成する．また，微生物による発酵によってメタンや二酸化炭素が発生するが，これらは曖気（またはおくび）として体外へ放出される．ヤギの第一胃内は多様な微生物叢の存在によって，pHが5.5～7.2，温度が38～42℃，酸化還元電位が

−250〜−400 mV と嫌気性の環境が維持されている．ここでは，炭酸水素塩やリン酸塩を含む唾液が高い緩衝作用を持ち，胃壁から揮発性脂肪酸が急速に吸収されることで第一胃内の pH の恒常性が保たれている．しかし，ヤギの第一胃内の環境は摂取された飼料，唾液の流入量，反芻や微生物発酵によって生じる物質，第四胃や下部消化器官に流下する内容物などによって大きく影響される．したがって，飼料の急な切替えは，第一胃内の恒常性を乱し，ヤギが体調を崩す原因となる．

5.2.2 栄養素の吸収

ヤギが摂取する植物性飼料には単糖類（五炭糖や六炭糖），少糖類および多糖類（セルロース，ヘミセルロース，デンプン，ペクチンなど）が含まれており，微生物の発酵や酵素によって消化される．ヤギの唾液には単胃動物が持つアミラーゼが含まれないため，デンプンや可溶性糖類の消化も微生物酵素によって行われる．微生物の働きによってグルコースやキシロースからピルビン酸が生成された後，さらに酢酸，プロピオン酸，酪酸，ギ酸，二酸化炭素，水素，メタンなどが生成される．このうちの前4者を揮発性脂肪酸（volatile fatty acids：VFA）と呼ぶ．生成量が多い酢酸，プロピオン酸および酪酸は，主に前胃壁から吸収され，ヤギのエネルギー，血糖，乳脂肪，乳糖などの素となる．また，第一胃内の細菌や原生動物は，発酵の過程でその微生物体内に多糖類を貯蔵し，微生物発酵を終えると第四胃以降の下部消化器官に流下される．その後，流下された微生物は前胃内で消化されなかった飼料とともに，酵素による消化，吸収を経て，エネルギー源や蛋白質源としてヤギの体内で利用される．また，大腸においても，そこに生息する微生物によって発酵と分解が再び起こり，VFA が吸収される．

飼料中の蛋白質は，第一胃内の微生物によってペプチドやアミノ酸に加水分解され，さらに揮発性脂肪酸，アンモニア，二酸化炭素などに分解される．第一胃内に糖やデンプンなど，微生物にとってのエネルギー源が存在すれば，アンモニアは微生物によってアミノ酸の合成とともに，微生物体蛋白質の合成に用いられる．また，尿素などの非蛋白態窒素化合物も第一胃内の微生物酵素によってアンモニアと二酸化炭素に分解され，上述のとおり微生物の増殖に利用される．第一胃内での微生物による蛋白質の合成速度より，飼料中蛋白質の分

解速度が速い場合には，アンモニアが第一胃内に蓄積し，血中へ移行された後，肝臓へ運ばれて尿素に変換される．一部の尿素は唾液や胃壁を通して第一胃へ還流，利用され，その他の尿素は尿中に移行して排出される．ヤギはこの循環によって窒素源を有効利用している．その他の窒素源であるアミド，アミン，硝酸塩なども第一胃内で分解され，微生物体蛋白質の合成に用いられる．

ヤギが摂取した飼料中に存在する脂肪，糖脂質およびリン脂質は第一胃内微生物によって加水分解され，生成されたグリセロールが揮発性脂肪酸となる．揮発性脂肪酸は上述のとおり胃壁から吸収されるが，第一胃内の微生物が脂質を分解する能力は限られている．すなわち，飼料中の脂質含量が乾物当たりで7％をこえると，第一胃内微生物の活動が抑制されるため（Solaiman, 2010），飼料における脂質含量には注意が必要である．飼料中の脂質含量が増加した場合，繊維成分の発酵は緩慢になり，飼料摂取量は減少する．また，第一胃内の微生物は一部の脂質を合成し，乳中や体内の脂肪へと変えられる．

脂溶性ビタミンであるビタミンA，DおよびEは小腸で吸収される．これらのビタミンは体内で保持されるが，水溶性ビタミンであるビタミンB群（B_{12}を除く）やCは体内に保持されず，利用されないものは体外に排出される．ただし，水溶性ビタミンについてはヤギが反芻を行う段階になると体内で合成され，哺乳中は母乳から供給される．

飼料中のミネラルは植物細胞壁の分解によって第一胃に溶出する．穀物に多量に含まれ，単胃動物が利用できないフィチン態リンは，ヤギの第一胃内微生物が保持するフィターゼによって分解され，無機態リンとして利用される．他方，第一胃内のアンモニア濃度が高い場合，マグネシウムが不溶性のリン酸アンモニウムマグネシウムとなり，ヤギは低マグネシウム血症を引き起こす場合がある．

5.3 代　　謝

代謝とは体内で物質が合成と分解を繰り返し，他の物質へ変換する化学的過程を意味する．ここでは，ヤギの体内で起こる栄養の代謝について説明する．

ヤギは飼料として摂取した炭水化物を第一胃内で主にVFA（酢酸，プロピオン酸，酪酸など）に変換し，大部分は第一胃壁から吸収する．第一胃で吸収さ

れた酢酸は門脈を経て肝臓に移行するが，大部分はそのままの形で主に筋肉，内臓および脂肪組織に移行してエネルギー源となるか，あるいは脂肪酸の合成，乳腺での乳脂肪合成に用いられる．また，肝臓に取り込まれた酢酸は，長鎖脂肪酸やコレステロールの合成に用いられる．プロピオン酸の一部は，第一胃壁で乳酸に変換されるが，大部分は肝臓で代謝され，糖の合成に用いられる．ヤギの消化器官でのグルコース吸収はごくわずかであるため，糖合成はヤギ体内での細胞代謝にとって重要であり，プロピオン酸は糖合成のための主要な前駆体となる．一方，酪酸は第一胃の上皮細胞で β-ヒドロキシ酪酸といったケトン体に変化し，酢酸と同様に門脈を経て肝臓に移行し，エネルギー源となるか，あるいは脂肪酸合成に利用される．

　蛋白質が消化されて生成されたアミノ酸は小腸で吸収された後，肝臓のアミノ酸プールに移行する．このアミノ酸はいずれ血流によって体内組織に移行し，蛋白質や各種の窒素化合物の合成に利用される．余剰のアミノ酸は肝臓に戻り，分解されてアンモニアを生成し，大部分が尿素に変換される．また，5.2.2 項で述べたように，第一胃内にアンモニアが蓄積した場合，アンモニアは第一胃壁から吸収されて肝臓で尿素に変換される．ヤギでは，血中尿素の約 18～85% が唾液や第一胃に還流され，一部は下部消化器官へと移行する．移行した尿素は第一胃，小腸，大腸において細菌が保持する尿素分解酵素のウレアーゼによってアンモニアに加水分解される．生成されたアンモニアは血液への再吸収や微生物体蛋白質の合成に用いられる．これはヤギにおける窒素源の有効利用機構であり，肝臓で合成された尿素由来のアンモニアを再利用することは，他の反芻動物とともにヤギの窒素代謝で特筆すべきことである．また，肝臓で合成される尿素の利用は，飼料からの窒素源の供給が少ない場合に窒素源の利用率向上に寄与する．たとえば，育成ヤギにおいては，可消化窒素摂取量に対して肝臓で合成される尿素比は 1.05～1.21 とされている（NRC, 2007）．

　尿素の移行量は，摂取する粗飼料と濃厚飼料の割合によって変化する．唾液は第一胃に尿素を供給する主要な媒体であり，繊維成分の多い飼料を給与した場合には，ヤギの反芻を促進することで，第一胃への唾液の流入が増加し，多量の尿素が移行する．一方，濃厚飼料を多く給与した場合には，尿素は唾液よりも血流によって第一胃内に拡散される．第一胃での微生物体蛋白質の合成に用いられる尿素の割合は，飼料の種類や発酵可能エネルギーの摂取量に影響さ

れ，5〜95％で変動する．蛋白質含量が低いか，あるいは発酵可能な炭水化物含量が高い飼料の給与は，第一胃内での尿素の利用を促進し，尿への尿素排出量や下部消化器官への尿素の移行を減少させる．一方，飼料中の蛋白質含量が要求量を満たすレベルの場合には，尿素の再利用効率は低下するとされている．その他，第一胃や尿への尿素の移行は，pHやアンモニア濃度など第一胃内の状態にも影響される．

　飼料中の脂肪は小腸で吸収された後，大部分がトリアシルグリセリドとして脂肪組織や筋肉に運ばれ，脂肪酸を遊離する．脂肪酸はエネルギー源として分解されるか，もしくは再びトリアシルグリセリドとなって他の組織に運ばれ，エネルギー源となる．脂肪組織でのエネルギー源の蓄積が過剰な場合には，トリアシルグリセリドは貯蔵脂肪として蓄えられ，長期的なエネルギー貯蔵形態となる．ただし，5.2.2項で述べたように，脂肪の給与は消化器官内での飼料の消化率や飼料摂取量を低下させるため，注意が必要である．

　ビタミンAとEはヤギの飼料として必須のビタミンである．ビタミンDは植物体やヤギの皮膚で紫外線照射により生成される．そのため，畜舎内で飼養し，日光を浴びることが少ない場合には活性型ビタミンDの給与も必要となる．通常，ビタミンB群とKは飼料由来のものと第一胃内微生物による合成で充足される．また，ビタミンCも体内で合成される．子ヤギにおいては，第一胃が十分に機能していれば，出生8日後でビタミンB群の自己充足が可能となるが，ビタミンCは出生3週間後以降でなければ十分量を合成できない．

5.4　養分要求量と飼養標準

　ヤギにどのような餌（飼料）をどれだけ与えればいいのかという問題（飼料設計）は，多くの飼養者にとって共通の課題であろう．ヤギを健康に飼育し，子や乳を生産させるためには，ヤギの食習性や養分要求量と給与飼料の栄養価を正しく理解することが必須である．しかし，実際には栄養学の知識と煩雑な計算を伴ううえ，ヤギの品種や生育段階，生産物の種類と量，環境条件なども考慮する必要があるため，なかなか容易ではない．ウシでは日本飼養標準[注4]に養分要求量の計算方法や飼養上の注意点などが詳細に書かれており，養分要求量の算出と飼料設計をするためのコンピューター計算プログラムも添付されて

いる．ヤギの場合，アメリカ国家研究会議が発行するNRC（2007），イギリス農業・食糧研究会議のAFRC（1993，1998），オーストラリア連邦科学産業研究機構のCSIRO（2007）が優れており，世界中で用いられている．また，AIGRがヤギの養分要求量計算プログラム[注5]をオンラインで提供しており，エネルギーおよび蛋白質要求量の計算と飼料設計，飼料の評価が可能である．

5.4.1　エネルギーと飼料の栄養

ヤギのエネルギー[注6]要求量は，品種や年齢，性別，乳生産や妊娠の有無，気候条件，活動量などの条件によって変化し，同じ個体でも変動する．飼料は，体内に取り込まれて消化される過程でさまざまな形に分解され，エネルギーとして利用される．図5.1に飼料のエネルギーがヤギの体内でどのように利用されるかを示した．飼料そのものが持つエネルギーは，総エネルギー（GE）であり，飼料を燃焼して生じる熱量の値である．重量が同じでも，飼料成分（炭水化物，蛋白質，脂肪）の組成が違えば，エネルギー量は異なる．GEのうち，ヤギの体内で消化できるものが可消化エネルギー（DE）で，消化（利用）ができないエネルギーは糞として排出される（FE）．さらに，DEから尿として排出

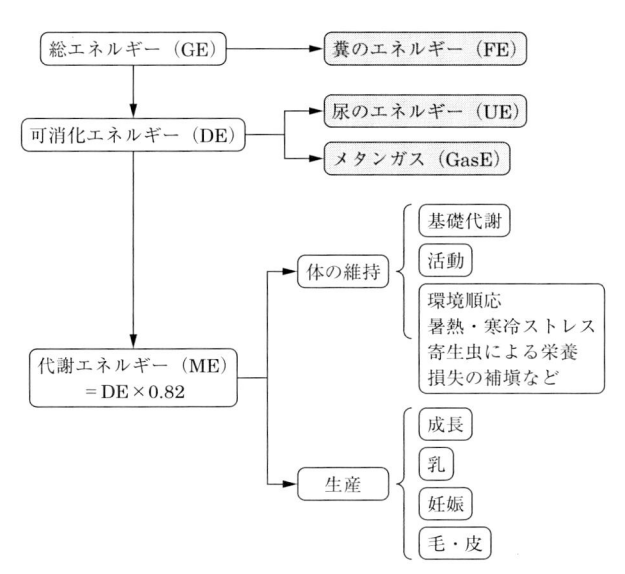

図5.1　ヤギの体内における飼料エネルギーの利用

されるエネルギー（UE）と曖気として排出されるガス（主にメタンガス）のエネルギーを差し引いたものが代謝エネルギー（ME）であり，体の維持と生産に利用されるエネルギーを示す．DEとMEとの相関は高く，ME＝DE×0.82と表すことができる．NRC（2007）では，さらに，代謝エネルギーから反芻胃内の発酵などによって発生する熱増加を差し引いたものを正味エネルギー（NE），つまり体の維持と生産に利用される正味のエネルギー量と定義している．

　飼料の栄養素は，炭水化物，蛋白質，脂肪，無機質，ビタミンである．水も重要な栄養素ではあるが，飼料とは分けて考える．飼料中の水分含量は栄養価に大きく影響するので，飼料成分は乾物（DM）重量当たりの値を用い，飼料摂取量の測定には乾物摂取量（DMI）を用いる．飼料の化学分析では，一般成分分析法によるDM，粗蛋白質（CP），粗脂肪（EE），可溶性無窒素物（NFE），粗繊維（CF），粗灰分（CA）含量の測定に加え，目的に応じてデタージェント分析法による中性デタージェント繊維（NDF）と酸性デタージェント繊維（ADF）への分画，酵素分析法による細胞内容物の有機物部分（OCC）と細胞壁物質または総繊維（OCW）への分画が行われる．飼料の栄養表示として用いられるTDN（可消化養分総量）は，可消化CP，可消化EE×2.25[注7]，可消化NFEおよび可消化CFの総和であり，TDN 1 kgはDE 4.4 Mcalと換算できる．国内で入手可能な飼料原料のTDNは，日本標準飼料成分表[注8]に記載されている．

5.4.2　エネルギー要求量

　飼料設計の基礎となるのが，エネルギー要求量の計算である．エネルギー要求量には，代謝エネルギー（ME）を用い，体の維持（基礎代謝と活動量）と生産（成長，乳，毛および妊娠）に分けて考える．ここでは，環境条件や暑熱・寒冷ストレス，寄生虫によるエネルギー損失および毛（カシミヤおよびモヘア）生産については考慮しないが，NRC（2007），CSIRO（2007），Sahlu et al.（2004）に記載がある．

　a.　維持に利用される代謝エネルギーの算出

　維持のための代謝エネルギーの算出は，極端な空腹あるいは満腹状態ではない通常時の体重（BW）を0.75乗した代謝体重をもとに計算する．表5.3に舎

5.4 養分要求量と飼養標準

表 5.3 生育段階別，用途別のヤギの維持および成長に利用される代謝エネルギー要求量

		維持 [kcal¹⁾]		成長 [kcal²⁾]
		雄	雌および去勢雄	
離乳前の子ヤギ		125	107	3.20
成長期	肉用品種	126	108	5.52
	乳用品種	149	128	5.52
	在来小型品種	126	108	4.73
成熟後	肉用品種	116	101	6.81
	乳用品種	138	120	6.81
	在来小型品種	116	101	6.81

NRC（2007）より引用．
1） 代謝体重（$BW^{0.75}$）1 kg 当たりの代謝エネルギー要求量．
2） 1日平均増体量1 g 当たりの代謝エネルギー要求量．

飼い条件での代謝体重1 kg 当たり，1日当たりの維持に必要な代謝エネルギー量を示した（NRC, 2007）．雌や去勢雄と比べて雄の要求量が高いのは，筋肉量が多いためである．乳用種の値が高いのは，乳生産を行うために内臓代謝が活発になることが理由としてあげられる．NRC（2007）では，これらの値に加え，活動量として平らな牧草地での放牧の場合には25％，草量が少ない斜面での放牧の場合には50％をそれぞれ追加するよう推奨している．一方のAFRC（1998）では，代謝体重，活動量および飼料代謝率から維持のための代謝エネルギー要求量を導いている（付録A.1）．さらに，近年の研究において，採食量の違いが維持エネルギー要求量に影響を及ぼすことが明らかになった．つまり，絶食時には基礎代謝率が低下するため，要求量も減少する．逆に，採食時には，採食行動と反芻，反芻胃内容物の発酵および発酵産物の吸収と代謝に伴う熱生産のためにエネルギーが利用され，その結果として維持エネルギー要求量が大きくなる．したがって，たとえば，放牧主体で冬の牧草が少ない時期と春の草が豊富な時期とでは，要求量を補正する必要がある（NRC, 2007）．

b. 生産に利用される代謝エネルギーの算出

表 5.3 に成長に利用される代謝エネルギー要求量を示した（NRC, 2007）．成熟後では，離乳前や成長期よりも体重増加に必要な代謝エネルギー量が多くなる．その理由は，成長期には蛋白質が主に増加するのに対し，成熟後ではエネルギー含量の高い脂肪が蓄積するからである．一方のAFRC（1993）では，

増加した体重に含まれるエネルギー量と飼料効率から，成長に必要な代謝エネルギー量を推定している（付録A.2）．ここで，いずれの方法を用いて計算する場合にも，1日当たりの増体量を設定しなくてはならない．増体量の目安として，乳用種および肉用種では100～200g，在来小型品種では50～80gとし，実際の発育状態によって調整するのが妥当であろう（付録A.3）．

乳生産に必要なエネルギー量は，乳の生産量と乳脂肪率から推定することができる．AFRC（1998）とSahlu et al.（2004）による乳生産に利用される代謝エネルギー要求量を表5.4に示し，それぞれの推定式については，付録A.4に記載した．

妊娠によって起こる生理的変化には，子宮の発達，胎児の成長に加え，乳腺の発達も含まれる．これらに必要なエネルギーは，胎児の数と生時体重，乳房のサイズ，妊娠期（前期・中期・後期）によって異なる．妊娠前期には子宮や乳腺がよく発達するが，妊娠後期では胎児の成長が著しい．ヤギは多産でもあることから，特に妊娠後期の飼養管理には注意が必要である．Bosman et al.（1997）の妊娠に必要な代謝エネルギー量の推定式を付録A.5に示した．この式を用いて，単子，双子および三つ子を妊娠した場合の1日当たりの代謝エネルギー要求量の推移を図5.2に表した．妊娠90日目を過ぎたころから，エネ

表5.4 ヤギの乳生産に利用される代謝エネルギー要求量 [kcal/日][1]

1日当たりの乳量 [kg]	乳脂肪率 [%]					出 典
	3.0	3.5	4.0	4.5	5.0	
1	1,028	1,099	1,171	1,267	1,338	Sahlu, et al.
2	2,055	2,199	2,366	2,510	2,677	(2004)
3	3,083	3,298	3,537	3,776	3,991	
4	4,111	4,422	4,732	5,019	5,330	
5	5,139	5,521	5,903	6,286	6,668	
6	6,142	6,620	7,075	7,553		
7	7,170	7,720	8,270			
1	1,057	1,151	1,244	1,337	1,431	AFRC (1998)
2	2,114	2,301	2,488	2,675	2,862	
3	3,171	3,452	3,732	4,012	4,292	
4	4,229	4,602	4,976	5,350	5,723	
5	5,286	5,753	6,220	6,687	7,154	
6	6,343	6,903	7,464	8,024		
7	7,400	8,054	8,708			

1) 要求量の推定式は付録A.4に記した．

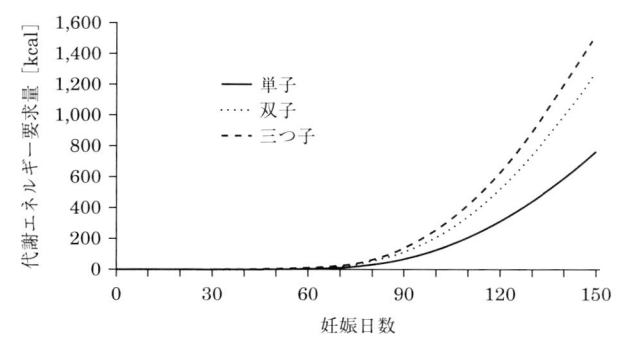

図 5.2 ヤギにおける産子数と妊娠日数に伴う代謝エネルギー要求量の変化
単子の生時体重は 3.0 kg,双子の平均生時体重は 2.5 kg,三つ子の平均生時体重は 2.0 kg と仮定.Bosman et al.(1997)の推定式〔妊娠に利用される代謝エネルギー要求量(MJ/日)= 子ヤギの生時体重(kg)×胎児の数(頭)×$10^{[0.597-7.819\times\exp[-0.0175\times妊娠日数]]}$〕をもとに作成.

ギーの要求量が急増することがわかる.また,胎児の数によって要求量が大きく異なるので,ヤギが妊娠したら胎児の数を知っておくべきである.

5.4.3 蛋白質要求量

蛋白質要求量は,家畜種による生理的相違や研究機関ごとの生物学的解釈に応じてさまざまな求め方がある.特に,ヤギの飼料中の蛋白質は,5.2 節で述べたように,反芻胃内で微生物による分解と再合成が行われるため,推定方法

表 5.5 ヤギの代謝蛋白質(MP)要求量[1]

項　目	要求量
維持に利用される代謝蛋白質	
成熟後および泌乳中	
糞として排出される蛋白質(MFCP)	乾物摂取量の 2.67%
尿として排出される蛋白質(EUCP)[1]	1.031 g/kg $BW^{0.75}$
維持に必要な代謝蛋白質要求量[1]〔g〕	MFCP + EUCP + 0.2 g/kg $BW^{0.60}$
成長期[2](<1.5 歳齢)	3.07 g/kg $BW^{0.75}$
成長に利用される代謝蛋白質[3]	
乳用品種	0.290 g
肉用品種	0.404 g
在来小型品種	0.290 g
乳生産に利用される代謝蛋白質[4]	1.45 g

1) NRC(2007)より引用.
2) BW = 体重〔kg〕.
3) 1 日平均増体量 1 g 当たりの要求量.
4) 乳汁中の蛋白質 1 g 当たりの要求量.

はやや複雑になる．ヤギはウシやヒツジよりも窒素の再利用効率が高いために，低質な飼料でも十分利用できるといわれている．NRC（2007）による代謝蛋白質（MP）要求量を表5.5に示した．MPとは，十二指腸以降の下部消化管から吸収される蛋白質である．ここでは，飼料中の粗蛋白質のうち，利用されずに糞となる部分（MFCP），いったん，消化吸収された後に尿中蛋白質（EUCP）として排泄される部分およびフケや垢として失われる部分の3つに分けて，維持のためのMP要求量を求めている．なお，MP要求量から非分解性蛋白質（UIP[注9]）含量を用いて飼料中の粗蛋白質（CP）量へ換算する式を付録A.6に参考として示した．また，妊娠のために必要な1日当たりのMP要求量の推移を図5.3，推定式を付録A.7にそれぞれ示した．エネルギーと同様に，妊娠後期に要求量が急増し，胎児の数によって10～50gのMPを添加する必要がある．ちなみに，毛には多量の蛋白質が含まれるため，毛生産をする場合には，毛1g当たり1.65gのMPが必要となる（NRC, 2007）．

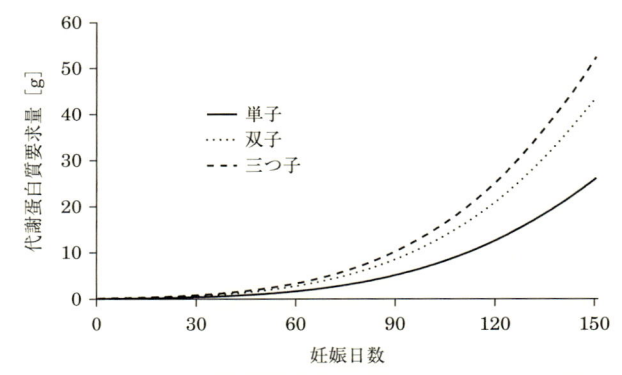

図 5.3 ヤギにおける産子数と妊娠日数に伴う代謝蛋白質（MP）要求量の変化
単子の生時体重は3.0 kg，双子の平均生時体重は2.5 kg，三つ子の平均生時体重は2.0 kgと仮定．Cannas et al.（2004）のヒツジの推定式〔妊娠に利用される MP［g/日］= |(LBW/4)×0.0674×exp[11.347−11.22×exp(−0.00601×t)−0.00601×t]|/0.7〕をもとに作成．

5.4.4 ミネラル（無機物）要求量

ミネラルは，その摂取量が不足しても過剰であっても問題を引き起こす．ミネラル要求量はいずれの反芻動物でも同じものとして，ウシの要求量を参考にしているものも多いが，ヒツジは銅毒性への耐性が低く，ウシはヤギやヒツジに比べて尿路結石を起こしにくいなど家畜種による違いもあるので，その点に

は注意する．乳用ヤギにおける微量ミネラルの要求量と欠乏による症状，各種ミネラルの相互関係についての研究は，ヨーロッパ，とくにドイツで集約的に行われてきた（Haenlein and Anke, 2011）．また，ヤギでは品種によってミネラル要求量とその過給耐性が違うことが指摘されているが，詳細については研究が進められている段階である．一般に，良質の粗飼料を主体とした飼養管理の場合は，ミネラル摂取における問題は起こりにくい．しかし，濃厚飼料多給，早期離乳，若齢繁殖を行う場合，粗飼料の質が極端に低い場合および高泌乳ヤギや成長の早い品種を飼養する場合には問題が生じることがある．また，妊娠後期から分娩後にかけては，胎児の急激な成長，泌乳開始による代謝の変化が起こるので，ミネラルの要求量にも注意を払う．ミネラルは，要求量によって主要ミネラル（カルシウム，リン，ナトリウム，塩素，カリウム，マグネシウム，硫黄）と微量ミネラル（コバルト，銅，ヨウ素，鉄，マンガン，セレン，亜鉛など）に分類される．ミネラル要求量の求め方を表 5.6 に示した．

　主要ミネラルのうち，カルシウムとリンは最も重要で，骨や歯の成長と維持，乳生産に不可欠である．この両方あるいはどちらか一方の欠乏は，成長期では成長不良（くる病），成熟後には骨から不足を補うため，骨粗鬆症や低カルシウム血症の原因になる．カルシウムの吸収にマグネシウム，ビタミン D および日光が関与していることはよく知られているが，一般に，穀物のカルシウム含量は低いので，濃厚飼料多給の場合には留意する．一方，カルシウムの過剰摂取は，高カルシウム血症，代謝性低カルシウム血症の原因になるので，カルシウムは乾物摂取量の 1.5 ％以下に保つ．特に，分娩直後には，カルシウムの欠乏も過剰摂取も乳熱[注10]を引き起こすことがあるので注意する．リンとの摂取バランスも重要で，カルシウム/リン＝1.2～2.5 に保つことが大切である．リンの摂取量がカルシウムよりも多くなると結石形成を促進し，腎臓結石や尿路結石の原因となる．ヤギの場合，ウシやヒツジよりもリンの再利用効率が高いので，特に雄ヤギのリン過剰摂取には注意する．一方，リン欠乏は，異食症[注11]，食欲減退，体重減少，発情抑制，受胎率低下，泌乳量低下などの原因となる．

　他の主要ミネラルのうち，ナトリウム（Na）と塩素（Cl）は，塩化ナトリウム（NaCl）あるいは微量ミネラルを含む固形塩として自由摂取させるのが一般的である．体内の浸透圧を一定に保つために，塩分と水分の摂取量バランスは本質的な機能として動物に備わっているが，極端な環境で塩分が不足し，ナト

表 5.6 ヤギの1日当たりのミネラル要求量推定式

元素名	単位	維持[1, 2]	成長[3]	妊娠[4]	乳生産[5]
カルシウム (Ca)	g	$(0.623 \times DMI + 0.228)/0.45$	$(11 \times ADG)/0.45$	$(0.23 \times LBW)/0.45$	$(1.4 \times MY)/0.45$
リン (P)[6]	g	$(0.081 + 0.88 \times DMI)/0.65$	$(6.5 \times ADG)/0.65$	$(0.132 \times LBW)/0.65$	$(1.0 \times MY)/0.65$
ナトリウム (Na)	g	$(0.015 \times BW)/0.80$	$(1.6 \times ADG)/0.80$	$(0.034 \times LBW)/0.80$	$(0.4 \times MY)/0.80$
塩素 (Cl)	g	$(0.022 \times BW)/0.80$	$(1.0 \times ADG)/0.80$	$(0.024 \times LBW)/0.80$	$(1.1 \times MY)/0.80$
カリウム (K)	g	$(2.6 \times DMI + 0.05 \times BW)/0.90$	$(2.4 \times ADG)/0.90$	$(0.042 \times LBW)/0.90$	$(2.0 \times MY)/0.90$
マグネシウム (Mg)	g	$(0.0035 \times BW)/0.20$	$(0.40 \times ADG)/0.20$	$(0.006 \times LBW)/0.20$	$(0.14 \times MY)/0.20$
硫黄 (S)	g	$0.0022 \times DMI$	$0.0022 \times DMI$	$0.0022 \times DMI$	$0.0026 \times DMI$
コバルト (Co)	mg		$0.11 \times DMI$		
銅 (Cu)[7]	mg	$20 \times DMI$	$25 \times DMI$	$20 \times DMI$	$15 \times DMI$
ヨウ素 (I)	mg	$0.5 \times DMI$	$0.5 \times DMI$	$0.5 \times DMI$	$0.8 \times DMI$
鉄 (Fe)	mg	$35 \times DMI$	$95 \times DMI$	$35 \times DMI$	$35 \times DMI$
マンガン (Mn)	mg	$(0.002 \times BW)/0.0075$	$(0.7 \times ADG)/0.0075$	$(0.025 \times LBW)/0.0075$	$(0.03 \times MY)/0.0075$
モリブデン (Mo)	mg		$0.1 \sim 1.0 \times DMI$		
セレン (Se)[8]	mg	$0.015 \times DMI + 0.083/AC$	$0.5 \times ADG/AC$	$0.0021 \times LBW/AC$	$0.10 \times MY/AC$
亜鉛 (Zn)[9]	mg	$0.045 \times BW/AC$	$0.025 \times ADG/AC$	$0.5 \times LBW/AC$	$5.5 \times MY/AC$

NRC (2007) より引用.
1) DMI＝乾物摂取量 [kg].
2) BW＝体重 [kg].
3) ADG＝1日の平均増体量 [kg].
4) LBW＝総産子重量. 妊娠後期 (妊娠100～分娩日まで) のみ加算する.
5) MY＝泌乳量 [kg].
6) リンはカルシウムの量によって Ca/P＝1.2～2.5 になるように調整する.
7) 銅は, 硫黄とモリブデンによって吸収が阻害されるので注意する.
8) AC＝吸収係数. 粗飼料では AC＝0.31, 濃厚飼料では AC＝0.60 とする.
9) AC＝吸収係数. 離乳前では AC＝0.50, 離乳後～成長期では AC＝0.30, 成熟後は AC＝0.15 とする.

リウム欠乏になると，異食症，食欲減退，成長不良などを引き起こす．一方，塩分摂取が乾物摂取量の 4％に達すると，中毒を引き起こすため，塩の過剰摂取を防ぐために形状や容器を工夫し，雨に当たらないように設置する．カリウム，マグネシウムおよび硫黄は，通常の飼料には適当量含まれているので，あまり注意を払う必要はないが，カリウム欠乏は，食欲減退，痩身，筋肉細胞の死滅によるさまざまな筋肉障害や組織の融解の原因となる．また，施肥量が多い改良草地からの粗飼料には，高濃度のカリウムが含まれていることがあり，摂取を続けることによって血中のミネラルバランスが崩れ，グラステタニー[注12]や低カルシウム血症（乳熱）を引き起こすことがある．飼料乾物中のマグネシウム含量が 0.2％以下またはカリウム / （カルシウム＋マグネシウム）が 2.2 以上になると，グラステタニーが起こりやすい．授乳中のヒツジでは，マグネシウム欠乏によるグラステタニーが報告されている．硫黄はメチオニンやシステインの合成に不可欠で毛生産などに利用されるので，欠乏すると毛が抜け，食欲減退，流涎，流涙，衰弱などを引き起こし，重篤では死に至る．ただし，硫黄の過剰摂取は，銅とセレンの吸収を妨げるほか，継続的な過剰では灰白脳軟化症，急性では下痢，震え，硫化水素臭，呼吸困難などを引き起こし，重篤では死に至る．

微量ミネラルのうち，ヒツジで銅の過剰摂取による中毒症が報告されているが，ヤギはヒツジよりも銅耐性が高い（許容量が多い）ことがわかっている．ただし，許容量以上の摂取には注意する．国産の粗飼料は，ヨウ素，鉄およびマンガンの含量が高く，銅，コバルト，セレンおよび亜鉛の含量が少ないことが知られている．なお，市販されている固形塩には，塩以外にも微量ミネラルが含まれているので，自由に摂取できる状態であれば，微量ミネラルの欠乏症を心配することはない．地下水には地中のミネラルが溶出しているので，飲み水に井戸水などを利用する場合には，水質を調べておくとよい．

5.4.5　ビタミン要求量

反芻動物では，ビタミン類は飼料から摂取されるほかに，体内で生合成される．脂溶性ビタミン（A，D，E および K）のうち，ビタミン D は，皮膚に紫外線を受けることによりプロビタミン D（コレステロール誘導体および植物ステロール）から生合成され，ビタミン K は消化管の微生物によって合成される

ため，通常は不足しない．ただし，日光を遮断した飼育条件や生合成が阻害されるような条件[注13]がある場合には，飼料に添加する．また，上述したように，ビタミンDはカルシウムの吸収と深くかかわっているため，不足により代謝異常（カルシウムの吸収阻害）をきたす．ビタミンAは，飼料中のビタミンA前駆体（β-カロテン）から生合成され，その後に利用されるが，余剰分は肝臓に蓄積され，飼料中のカロテンが不足すると放出される．冬に長期間，低質な牧草しか給与できない場合には，少量補給する．ビタミンAの不足は浮腫，失明，繁殖障害（流産）などをもたらす恐れがある．粗飼料でビタミンA過剰になることはないが，ビタミンA剤の過剰投与では中毒症状を起こすことがある．ビタミンEは，新鮮な生草に豊富に含まれているが，刈り取って時間が経つと減少するため，低質な古い乾草を給与する場合は補給する．水溶性ビタミン（B群およびC）は，反芻胃内微生物によって十分に生合成されるため，通常は過剰や欠乏することはない．ただし，ビタミンB_{12}はコバルトを含む金属錯体であるので，コバルト欠乏がビタミンB_{12}欠乏を引き起こすことがある．

5.4.6 水分要求量

　水は体成分の51～80％を構成する重要な栄養素である．新鮮な生草などにも十分含まれているが，飼料とは別に，常にきれいな水を自由に摂取できる状態にすべきである．特に，ヤギが糞や尿で汚れた水や飼料を口にしないのは，ヤギを飼養すれば誰もが経験する．水分の摂取不足は，著しく飼料摂取を妨げるので，ヤギの生産や成長，健康に大きく影響する．ヤギは他の動物種よりも水の要求量が少ないといわれることがあるが，逆に，乾燥した条件下ではヒツジの水分要求量が少ないという報告や餌との関連性も指摘されている．いったん，大量の水分を摂取すると数日間水分摂取を要しない砂漠地帯の品種もあり，要求量や頻度は品種や環境によってさまざまである．肉用大型のボア種が他の品種に比べて水分摂取量が多いことや泌乳期には通常の摂取量に加えて乳を1kg生産するために1.43kgの水が必要であるという報告がある（NRC, 2007）．また，近年の地球環境の変化に伴い，中東，オーストラリア，アメリカ中部などの地域では，家畜生産に利用できる真水が限られてきており，ヤギの塩耐性や水不足に対する適応性の研究が注目されている（McGregor, 2004）．ヤギの水分要求量を求めるさまざまな推定式も報告されているが，本書では，

きれいな水の自由摂取を推奨する．

5.4.7 ヤギの飼養標準

ヤギの品種や生育段階，生産に応じた適正な養分要求量が計算できたら，利用できる飼料原料の栄養価を計算し，エネルギー量とその他の栄養素の要求量を満たすように，飼料を配合する．これが飼料設計である．先に紹介した飼養標準などには，これまで述べてきたような養分要求量の理論と推定方法，各栄養素や成分の関連性が示されており，飼料設計を行ううえでの基礎となる．

飼料設計を行ううえで，第一に必要なのが乾物摂取量（DMI）の推定である．飼料の水分含量が栄養価に大きく影響することは先にも述べたが，たとえば，水分含量が85％の生草は，全体の15％しか栄養素を含まないことになる．食欲の第一制限因子は，反芻胃の物理的充足による満腹感であり，「みずみずしい草を飽食させているにもかかわらず栄養が不足する」ことも起こりうる．DMIは，体重，生育段階，生産段階，飼料の質，嗜好性，給餌方法，管理方法，気

表 5.7　肉用および在来小型ヤギ用 TMR の飼料組成の例［風乾物中％］

原料名	高品質 TMR[1]	飼料原料	穀物飼料主体 TMR[2]	粗飼料主体 TMR[3]
アルファルファ乾草	19.98	雑穀乾草	19.76	80.07
綿実殻	29.07	粗挽きトウモロコシ	66.32	5.32
綿実絞り粕	15.99	大豆粕	8.95	10.23
粗挽きトウモロコシ	15.99	サトウキビ糖蜜	2.84	2.38
小麦粕	10.00	第二リン酸カルシウム	0.24	0.54
市販のペレットつなぎ材	5.00	炭酸カルシウム	0.95	
微量ミネラル塩[4]	0.50	ビタミンミックス[7]	0.49	0.50
塩	0.50	微量ミネラル塩[1]	0.45	0.46
イースト	1.00			
炭酸カルシウム	0.95			
塩化アンモニウム[5]	1.00			
ビタミン A30 ミックス[6]	0.02			

Hart and Goetsch（2001）を一部改変．
1)　ペレットタイプ．雄の肥育試験用飼料．DM 90.3％．化学組成は，風乾物当たり CP 17.0％，TDN 67.0％，Ca 0.82％，P 0.41％．
2)　成長期用飼料．化学組成は，風乾物当たり CP 13.5％，TDN 76.8％，Ca 0.61％，P 0.34％．
3)　成長期用飼料．化学組成は，風乾物当たり CP 13.5％，TDN 59.4％，Ca 0.67％，P 0.34％．
4)　組成：塩化ナトリウム 95〜98.5％，Mn 0.24％，Fe 0.24％，Mg 0.05％，Cu 0.032％，Co 0.011％，I 0.007％，Zn 0.005％．
5)　飼料添加剤．雄の尿路結石予防．
6)　ビタミン A として 66,200 IU/kg．
7)　1 g 中にビタミン A 2,200 IU，ビタミン D 1,200 IU，ビタミン E 2.2 IU 含有．

表 5.8 乳用ヤギ用 TMR の飼料組成の例 ［風乾物中％］

原料名	泌乳前期用[1]	泌乳後期用[2]
アルファルファ乾草	25.00	30.00
綿実殻	25.00	20.00
粗挽きトウモロコシ	27.19	35.21
大豆粕	16.10	9.29
サトウキビ糖蜜	3.00	3.00
第2リン酸カルシウム	1.32	0.83
炭酸カルシウム	0.89	0.29
ビタミンミックス[3]	0.50	0.50
微量ミネラル塩[4]	0.69	0.69
酸化マグネシウム	0.30	
硫酸アンモニウム		0.20

Hart and Goetsch（2001）．
1) 化学組成は，風乾物当たり CP 16.7％，TDN 67.0％，Ca 1.06％，P 0.51％．
2) 化学組成は，風乾物当たり CP 16.7％，TDN 69.0％，Ca 0.80％，P 0.40％．
3) 1g 中にビタミン A 2,200 IU，ビタミン D 1,200 IU，ビタミン E 2.2 IU 含有．
4) 組成：塩化ナトリウム 95〜98.5％，Mn 0.24％，Fe 0.24％，Mg 0.05％，Cu 0.032％，Co 0.011％，I 0.007％，Zn 0.005％．

温などさまざまな影響を受けるため，その推定は難しいが，ヤギでは体重の 2.0 〜5.0％の範囲で考える．次に注意するのは，飼料原料の価格と入手のしやすさである．伴侶動物として少頭数飼育しているのであれば，価格が問題になることは少ないが，家畜として飼養する場合には，経済性を十分考慮して飼料設計を行うべきである．飼料設計の例として AIGR で実際に利用されている TMR の組成と化学成分を表 5.7 と表 5.8 に示した．

これまで，ヤギの養分要求量と飼養標準について述べてきたが，たとえ養分要求量を綿密に求めて飼料設計しても，最終的には継続的にヤギの様子（食欲や体重の増減，健康状態など）を観察し，個体差も勘案して，その飼料設計に修正を加えていくことが，実際の飼養管理においては重要である．特にヤギは，飼料の選択性が高いことでも知られており，理論上正しい飼料がヤギに好まれるとは限らない．加えて，さまざまな飼育上の条件が餌の摂取量に大きく影響する．たとえば，群飼育の場合の頭数や個体の順位，飼育密度，給餌時間と回数，餌箱の個数と配置，水場の環境，飼料の形状などは，特に注意したい点である．

最近の栄養学研究では，飼料効率を検討する場合，飼料の乾物摂取量（DMI）と 1 日平均増体重（ADG）のほかに余剰飼料摂取量（RFI）を測定することが

主流になっている．RFIとは，飼養標準などをもとに推定された飼料要求量と実際に家畜が摂取した飼料の重量の差である．RFIが高いほど個体の飼料効率は悪く，逆に，RFIがマイナスであれば，少ない飼料で維持と生産が可能な飼料効率のよい個体となる．RFIが注目されているのは，DMIやADGとの相関が低いこと，これまで選抜に用いられてきた形質ではないので，比較的遺伝的変異が大きく，遺伝率も高いことが期待されているためである．

〔塚原洋子・林　義明・飛岡久弥〕

付録 A

A.1　維持に利用される代謝エネルギー要求量の求め方（AFRC, 1998）

1日当たりの基礎代謝エネルギー量［kJ/日］＝ 315 × 代謝体重［$BW^{0.75}$ kg］　　　(1)

1日当たりの活動量［kJ/日］
　＝ 水平移動にかかるエネルギー量［0.0035 kJ］× 1日の水平移動距離［m］× 体重［kg］
　＋ 垂直移動にかかるエネルギー量［0.028 kJ］× 1日の垂直移動距離［m］× 体重［kg］
　＋ 1日当たりの佇立にかかるエネルギー量［10 kJ/日］× 体重［kg］
　＋ 体勢変化にかかるエネルギー量［0.26 kJ］× 体勢変化の回数［回］× 体重［kg］　　　(2)

維持の代謝エネルギー利用効率＝ 0.35 × 飼料の代謝率＋ 0.503　　　(3)

　式(1)〜(3)を用い，1日当たりの維持に利用される代謝エネルギー要求量（MEm）を求める．

$$\text{MEm [kJ/日]} = \frac{\text{1日当たりの基礎代謝エネルギー量 + 1日当たりの活動量}}{\text{利用効率}}$$

ここで，体勢変化は，起立状態からの横臥と再び起立するまでの変化を1回と数え，飼料の代謝率は飼料の質に応じて 0.4（低品質粗飼料）〜 0.7（濃厚飼料）程度に設定する．しかしながら，ヤギが1日にどの程度活動するのかを把握するのは，なかなか困難である．1例として，体重 40 kg で舎飼い（1日の水平移動 500 m，垂直移動 0 m，体勢変化 10回），濃厚飼料主体の給餌（飼料代謝率 0.7）と仮定して上記の式を計算すると，維持に必要な代謝エネルギー量は，1日当たり 1,784 kcal であった．一方，同じ条件で NRC（2007）の推定式を用いると，成熟した雌の乳用品種では 1,909 kcal，成熟した雌の肉用品種では 1,606 kcal となった（計算例 1）．

【計算例 1】
　上記の式(1)〜(3)より，

MEm
$$= \frac{315 \times (40\text{ kg})^{0.75} + (0.0035 \text{ kJ} \times 500 \text{ m} + 0.028 \text{ kJ} \times 0 \text{ m} + 10 \text{ kJ} + 0.26 \text{ kJ} \times 10\text{回}) \times 40 \text{ kg}}{0.748}$$

　＝ 7465.5 kJ/日

ここで，1 kcal ＝ 4.184 kJ　　　(4)　と換算できるので，
　　　　＝ 1,784.3 kcal/日

一方，NRC（2007）の推定式では以下のようになる．

$$\text{成熟した雌の乳用品種の MEm} = 120 \text{ kcal} \times (40 \text{ kg})^{0.75} = 1,908.6 \text{ kcal}/日$$
$$\text{成熟した雌の肉用品種の MEm} = 101 \text{ kcal} \times (40 \text{ kg})^{0.75} = 1,606.4 \text{ kcal}/日$$

A.2　成長に利用される代謝エネルギー要求量の求め方

AFRC（1998）による成長に必要な代謝エネルギー量の推定式は，

$$\text{体重増加 1 kg 当たりのエネルギー量 [kJ/kg]} = 4,972 + 327.4 \times \text{体重 [kg]} \quad (5)$$
$$\text{成長の代謝エネルギー利用効率} = 0.78 \times \text{飼料の代謝率} + 0.006 \quad (6)$$

式(5)および(6)を用いて，1日当たりの成長に利用される代謝エネルギー要求量（MEg）は，

$$\text{MEg [kJ/日]} = \frac{\text{体重増加 1 kg 当たりのエネルギー量} \times \text{1 日当たりの増体量 [kg]}}{\text{利用効率}} \quad (7)$$

となる．実際の計算例を以下に示した．

【計算例2】

体重 20 kg の成長期の乳用品種を仮定し，濃厚飼料主体給与（飼料の代謝率 0.7），1日当たりの増体量を 100 g とする．式(5)〜(7) より

$$\text{MEg} = \frac{(4,972 + 327.4 \times 20 \text{ kg}) \times 0.1 \text{ kg}}{0.78 \times 0.7 + 0.006} \times 0.7 + 0.006 = 2,087.0 \text{ kJ}/日$$

式(4) から

$$= 498.8 \text{ kcal}/日 \text{ となる．}$$

一方，同じ条件でNRC（2007）の推定式を用いると，

$$\text{成長期の乳用品種の MEg} = 5.52 \text{ kcal} \times 100 \text{ g} = 552 \text{ kcal}/日$$

となった．

A.3　ヤギの1日平均増体量と成長

AFRC（1998）では，去勢雄の1日の平均増体量を 0，0.1，0.2 kg に設定して要求量を計算している．NRC（2007）の基礎となっている Sahlu et al.（2004）の報告では，いずれの品種においても成長期の1日平均増体量を 50〜300 g，成熟後の増体量を 20〜80 g と仮定している．一例であるが，成長期の雄のボア種 36 頭（生後 9〜12 カ月の 70 日間，開始体重 34 kg，高品質 TMR 給餌，群飼）の1日平均増体量は，221 g であった（AIGR）．ただし，ヤギの成長は，幼児期から成長期にかけて直線的で，成熟度*が 50％を過ぎるころから徐々に成長速度が遅くなり，成熟体重に近づくに伴って1日当たりの増体量が小さくなる（Tsukahara et al., 2008）ので，エネルギー量も成長の様子に併せて調整することが必要である（*成熟度：成熟時の体重（100％）に対する成熟割合．成熟度=（ある週齢での体重/成熟時の体重）×100 と表すことができる）．

A.4　乳生産に利用される代謝エネルギー要求量

Sahlu et al.（2004）による推定方法は，

1日当たりの乳生産に利用される代謝エネルギー要求量 [kJ/日]

$$= \text{1 日当たりの泌乳量 [kg/日]} \times 4.937 \times \frac{1.4694 + 0.4025 \times \text{乳脂肪率 [％]}}{3.079}$$

であり，表 5.4 の値は，式(4)によって単位を kJ から kcal に換算して求めた．また，AFRC (1998) による推定方法は，

$$\text{乳 1 kg 当たりのエネルギー量 [kJ/kg]} = 1{,}309 + 49.25 \times \text{乳脂肪含量 [g/kg]}$$
$$\text{1 日に生産する乳のエネルギー量 [kJ/日]} = \text{乳のエネルギー量 [kJ/kg]} \times \text{泌乳量 [kg/日]}$$
$$\text{乳生産の代謝エネルギー利用効率} = 0.35 \times \text{飼料の代謝率} + 0.420$$

これらの式を用いて，

$$\text{1 日当たりの乳生産に利用される代謝エネルギー要求量 [kJ/日]} = \frac{\text{1 日に生産する乳のエネルギー量 [kJ/日]}}{\text{利用効率}}$$

と表されている．なお，表 5.4 には，飼料の代謝率として 0.6 (AFRC, 1998) を用い，式(4)によって単位を kJ から kcal に換算した値を示した．

A.5 妊娠に利用される代謝エネルギー要求量

Bosman *et al.* (1997) による，妊娠に必要な代謝エネルギー量の推定式は以下のとおりである．

$$\text{妊娠に利用される代謝エネルギー要求量 [MJ/日]}$$
$$= \text{子ヤギの生時体重 [kg]} \times \text{胎児の数 [頭]} \times 10^{[0.597 - 7.819 \times \exp[-0.0175 \times \text{妊娠日数}]]}$$

A.6 代謝蛋白質（MP）と粗蛋白質（CP）の換算式

$$CP = \frac{MP}{\{64 + (0.16 \times UIP(\%))\}/100}$$

A.7 妊娠に利用される代謝蛋白質要求量の推定式

NRC (2007) および CSIRO (2007) では，ヒツジの妊娠に必要な代謝蛋白質量の推定式をヤギに応用することができるとしている．

$$\text{妊娠に利用される代謝蛋白質 [g/日]}$$
$$= \frac{(LBW/4) \times 0.0674 \times \exp[11.347 - 11.22 \times \exp(-0.00601 \times t) - 0.00601 \times t]}{0.7}$$

ここで，LBW は総産子重量 [kg]，t は妊娠日数を示す（Cannas *et al.*, 2004）．

注

1) American Institute for Goat Research, Langston University. P.O. Box 730, Langston, OK 73050, USA. http://www2.luresext.edu/goats/research
2) Total Mixed Ration の略で混合飼料の意．濃厚飼料と粗飼料を混合したもので，必要な栄養素を満たし，かつ選び食いができないように均質化したもの．
3) 化学組成の値（表 5.2 および文章中）は，AOAC の分析法を用いた分析結果であり，正確には粗蛋白質，粗脂肪，粗灰分と表記する．なお，表 5.2 に示した水分は，凍結乾燥法による測定値である．
4) 日本飼養標準乳牛（2006 年版）および日本飼養標準肉用牛（2008 年版），農業・食品産

業技術総合研究機構編. 中央畜産会. 東京.
5) Goat Nutrient Requirement Calculation System. http://www2.luresext.edu
6) エネルギーの単位として，AFRC（1993，1998）ではジュール［J］，NRC（2007）ではカロリー［cal］を用いている．ちなみに，1 cal＝4.184 J であり，1 g の水を 16.5 から 17.5℃ に上昇させるのに必要なエネルギーの量である．一般に，栄養について考える時には，より大きな単位で表される（kJ＝1,000 J，MJ＝1,000,000 J，kcal＝1,000 cal，Mcal＝1,000,000 cal）．
7) 可消化粗脂肪に乗ずる 2.25 は，脂質のエネルギー濃度が高いことを考慮した重みづけ値．
8) 日本標準飼料成分表（2009 年版）．農業・食品産業技術総合研究機構編．中央畜産会．東京．
9) 第 1 胃非分解性蛋白質あるいはバイパス蛋白質ともいう．飼料中の粗蛋白質のうち，反芻胃内の微生物によって分解されず，第 4 胃あるいは小腸で分解される蛋白質．一般に，飼料蛋白質の 60〜70％ は分解性といわれているが，飼料によって異なる．各飼料の UIP 率は，日本標準飼料成分表に記載されている．
10) 分娩後に起立不能，循環障害，意識障害などの症状を表す急性疾患．原因は，乳生産の開始により，急激にカルシウムが利用され，血中カルシウム濃度が低下することによる（したがって，低カルシウム血症とも呼ばれる）．通常は，体内のカルシウム代謝によって血中カルシウムが補われるため問題は生じないが，乳牛には頻発し，泌乳量の多いヤギでも問題となることがある．カルシウムおよびカリウムの過剰摂取は，体内のカルシウム代謝を阻害するため，低カルシウム血症を招く．
11) 非栄養物質を食べる症状で，異嗜とも呼ばれる．ヤギでは土や壁をしきりに舐めることがある．
12) 塩基バランスが悪い粗飼料を摂取して生じた興奮，硬直，神経過敏，痙攣などの神経症状（テタニー）をグラステタニーという．血中マグネシウムの欠乏，カリウムの過剰摂取との関連が明らかになっている．したがって，低マグネシウム血症とも呼ばれる．
13) 重度の食欲不振や代謝障害を起こした場合のほか，ビタミン K 拮抗作用を持つハルガヤ（*Anthoxanthum odoratum*）やビタミン K 阻害物質を発生する成長中の菌類を過剰摂取する場合などが含まれる．

参 考 文 献

AFRC（1993）：Energy and Protein Requirements of Ruminants. An Advisory Manual Prepared by the AFRC Technical Committee on Responses to Nutrients, CAB International, Wallingford.
AFRC（1998）：The Nutrition of Goats, CAB International, New York.
Bosman, H.G., Ayantunde, A.A., Steenstra, F.A., Udo, H.M.J.（1997）：A simulation model to assess productivity of goat production in the tropics. *Agric. Syst.*, **54**：539-576.
Cannas, A., Tedeschi, L.O., Fox, D.G., Pell, A.N., Van Soest, P.J.（2004）：A mechanistic model for predicting the nutrient requirements and feed biological values for sheep. *J. Anim. Sci.*, **82**：149-169.
CSIRO（2007）：Nutrient Requirements of Domesticated Ruminants, CSIRO Publishing,

Collingwood, VIC, Australia.
Hart, S. P. and Goetsch, A. L. (2001): Goat diet/Feeding examples. Proc. 16th Annual. Goat Field Day, p. 64-85, Langston University, Langston.
Haenlein, G.F.W., Anke, M. (2011): Mineral and trace element research in goats: A review. *Small Rumin. Res.*, 95: 2-19.
McGregor, B.A. (2004): Water Quality and Provision for Goats. A Report for the Rural Industries Research and Development Corporation. RIRDC publication, Barton, ACT, Australia.
NRC (2007): Nutrient Requirements of Small Ruminants. Sheep, Goats, Cervids, and New World Camelids, National Academy Press, Washington, DC.
Sahlu, T., Goetsch, A.L., Luo, J., Nsahlai, I.V., Moore, J.E., Galyean, M.L., Owens, F.N., Ferrell, C.L., Johnson, Z.B. (2004): Nutrient requirements of goats: developed equations, other considerations and future research to improve them. *Small Rumin. Res.*, **53**: 191-219.
Solaiman, S.G. (2010): Goat Science and Production, Wiley-Blackwell.
Tsukahara, Y., Chomei, Y., Oishi, K., Kahi, A.K., Panandam, J.M., Mukherjee, T.K., Hirooka, H. (2008): Analysis of growth patterns in purebred Kambing Katjang goat and its crosses with the German Fawn. *Small Rumin. Res.*, **80**: 8-15.
Webb, E.C., Casey, N.H., Simela, L. (2005): Goat meat quality. *Small Rumin. Res.*, **60**: 153-166.

6. ヤギの飼料

6.1 飼料の種類

　ヤギへの飼料給与の基本はウシやヒツジと同じように，反芻胃（ルーメン）の機能を維持しながら草本類の持つ繊維成分を消化して栄養にすることである．草本類にも牧草，飼料作物，野草，飼料木など各種さまざまなものがあり，また，生育ステージや加工調製法により栄養成分が変動する．

　飼育するヤギの種類や用途によっても必要とする養分量が異なるので，それに応じて飼料の組合せ給与をすることが求められる（第5章参照）．

6.1.1 粗飼料

a. 牧草類

　牧草にはイネ科とマメ科があり，それぞれ生育適温が低い寒地型と生育適温が高い暖地型に大別される．一般に，粗蛋白質含量はイネ科牧草よりもマメ科牧草で高く，粗蛋白質含量および消化率は暖地型イネ科よりも寒地型イネ科牧草で高い．したがって，寒地型牧草による家畜生産力は暖地型の場合よりも高い．

　1）寒地型イネ科牧草　本州，四国，九州，北海道南部まで栽培適応性が広く，多年生で嗜好性も優れるオーチャードグラスがよく知られている．短期利用の場合はイタリアンライグラスやペレニアルライグラスなどが畑作物との輪作や水田裏作などで栽培利用されているが，ライグラス類は根雪日数80日以上の積雪地帯では雪腐れ病の被害が大きい．一方，九州以南では夏枯れとそれに伴う雑草侵入や裸地増大が問題となる．

　放牧と採草兼用草地にはオーチャードグラスとペレニアルライグラスに加え

てシロクローバーが混播されることが多い．東北地方や北海道ではオーチャードグラスの他に，チモシー，ケンタッキーブルーグラスなども利用される．

2）暖地型イネ科牧草　夏季の高温条件下で多回刈利用できるローズグラスや耐湿性，耐干性に優れるパニカム類（ギニアグラス，カラードギニアグラスなど）がある．沖縄県では，ほふく茎で広がるデジットグラス（旧名：パンゴラグラス）が密度の高い草地を形成することから急速に普及している．また，最近，ほふく茎や種子で造成できるセンチピードグラスが放牧用シバ型草種として注目されている．

3）寒地型マメ科牧草　採草用では赤クローバーとアルファルファ，放牧地の混播用にシロクローバーがそれぞれ用いられる．アルファルファは乾草調製もできるが，乾燥気候でないと調製中の養分損失が多くなるので，予乾して低水分でロールベールサイレージにするとよい．赤クローバーやシロクローバーが優先する草地に放牧すると鼓脹症が発生しやすいので注意する必要がある．

4）暖地型マメ科牧草　放牧用としてほふく茎で広がるサイラトロ，採草用として直立型のファジービーンがあり，後者については葉とともに蔓をヤギはよく食べる（Nakanishi *et al*., 1993）．

b．飼料作物（麦類，トウモロコシ，ソルガム）

青刈麦類として，えん麦，ライムギ，飼料用大麦などがあり，えん麦は春播きと夏播きで栽培日数60日前後に刈り取りできるため，畑作物との輪作で利用される．ライムギと飼料用大麦は秋播きで越冬させて春の出穂期に刈り取ってサイレージに調製するが，茎が硬化すると嗜好性が大きく低下してヤギが食べないので，刈遅れないことが重要である．

トウモロコシは早生から晩生まで生育日数の異なる品種が市販されている．ヤギ用としては早生品種を密植して糊熟期に刈り取り，カッターで細切してサイレージを調製する．晩成の太い茎の品種ではヤギによる嗜好性が劣り，残食が多くなりがちである．

ソルガムはトウモロコシよりも発芽適温が高く，低温時には発芽・初期生育が不良となるので，平均気温15℃を播種期の目安とする．ソルガムにはさまざまな草型があり，サイレージ用としては糖蜜タイプの品種を選定する．

トウモロコシやソルガムの畑でよく見られる外来雑草にイチビがある．イチ

図 6.1　外来雑草イチビ（今井明夫撮影）

ビには強い臭気があり，嗜好性を低下させるだけでなく，種実は有毒とされているので作物の収穫前に刈り取って除去する必要がある．

c.　野草および飼料木

クズ，ススキ，チガヤ，シバ，メヒシバ，ヨシ，ヨモギ，ササ類，イタドリ，ノビエ，タデ，アカザなど多くの野草を好んで食べるが，木質化した茎を残すので，利用が遅れた場合には，刈払いして再生した草を食べさせるようにする．また，春先に生えるカラスノエンドウやスズメノエンドウなどのマメ科野草も貴重な飼料資源となる．外来雑草のセイタカアワダチソウが全国に広がっているが，これもヤギは若い草を好んで食べる．主な有毒植物については 6.4 節で詳述するが，スイセン，スズラン，キンポウゲなどはどこの庭にもあるので，野草と一緒に刈り込んで給与することがないように注意する．

木本類ではクヌギ，ナラ，サクラ，ウコギ，ツバキのほか，多くの種類を食べるが，特に飼料木として知られるクワとニセアカシアが好まれる．ただし，家の周りに植栽される木本類ではアジサイ，イチイ，ナンテン，ツツジ，シャクナゲなど有毒なものも多いので，ヤギの放牧や放し飼いの際には，草地や運動場周辺から排除することが必要になる．

d.　作物残さ類および野菜類

作物残さ類で注目したいのはスイートコーン茎葉と枝豆茎葉である．両者とも出荷部分に対して大きな部分を占める茎葉があり，まとまった量が廃棄され

ているので，これをサイレージに調製すると越冬飼料としての価値が大きい．

　サツマイモのツルは何回も刈取り利用できるので便利な作物であり，「ツルセンガン」という専用品種がある．暖地では平均気温が15℃になったら畑に植え付けるが，株元を残して刈ると4～5回刈取りが可能である．

　野菜類では，葉菜の外葉（キャベツ，ブロッコリーなど）はまとまった量が産地で発生するほか，調理現場のレストランや給食センターでも葉と芯が大量に捨てられている．これらは冷蔵しておけばいつでも利用できるが，水分調整資材として稲わらと一緒に切り込んで，フスマや脱脂米ヌカと混合してサイレージに調製することもできる．

　冬季に貯蔵できる野菜の中ではカボチャとダイコン（カブを含む）とイモ類が量的に確保できる代表といえる．春先に一番早く青刈り利用できるのがナノハナであり，秋播きのハクサイやタイサイなどのほかにナタネの仲間が利用できる．花を観賞する園芸用のナタネにはエルシン酸を含むものがある（多量摂取すると心臓障害を惹起）ため，採油用に改良された品種を選ぶことが必要である．

6.1.2　濃厚飼料

a．穀類

　クズ米，クズ大豆，クズ麦など出荷できない穀類が利用できる．飼料用稲が全国で栽培されるようになったが，籾米の嗜好性は劣るので，籾を破砕して給与する必要がある．

　大豆にはイソフラボンという物質があり，多量に給与すると繁殖への影響が懸念されるので繁殖期の雌ヤギへの給与を控える．また生大豆にはタンパク質の消化を阻害するトリプシンインヒビターがあるので加熱処理して給与することが望ましい．

　穀類を貯蔵する場合，害虫がつきやすく，またカビが生えることもあるので，密閉できる容器（プラスチック製バケツやドラム缶）に脱酸素剤を入れるか，脱気できるビニール袋などに入れて保管するとよい．

b．ヌカ類

　フスマは市販されており，最も利用しやすいヌカ類である．精米所で発生する生米ヌカは農村地域で安価に入手できることならびに近年では周年して精米

表 6.1 フスマと米ヌカの飼料成分と栄養価（乾物中%）（阿部，2000）

	普通フスマ	脱脂米ヌカ	生米ヌカ
粗蛋白質	18.0	20.4	16.8
粗脂肪	5.0	2.2	21.0
糖・デンプン・有機酸類	33.5	37.2	28.3
総繊維 NDF	40.7	29.5	22.3
TDN	72.3	64.3	91.5

表 6.2 生米ヌカの加熱処理による保存性の向上（石崎・今井，1998）

	含水率 %	リパーゼ活性 mv/g	酸価 (AV)		
			2 週後	4 週後	8 週後
加熱処理（品温 91℃）	8.6	1.7	17.8	25	36
生米ヌカ	12.3	3.6	61.8	90.8	121.9
生米ヌカ（3℃冷蔵）	12.3	3.6	13.7	19.7	27.9

※ 冷蔵以外は 35℃で保存

することから，1年中利用できるのが魅力であるが，利用に当たってはいくつかの注意が必要である．米ヌカには脂肪分が多く，それが高温多湿条件で酸化変敗しやすいのが欠点である．米ヌカの劣化を防止するには，冷蔵保存が一番であるが，100℃以上の高温で脂肪分解酵素のリパーゼを失活させるか，水分を8%以下に低下させてリパーゼの活動を抑制することである（表 6.1, 表 6.2）．

c. カス類

カス類で最も飼料化が進んでいるのはビールカスである．ビール工場においてトランスバッグで密封処理して流通させている．

国内で利用が進んでいなかったトウフカスも排出後早期に脱気密封処理して乳酸発酵させることで利用が進んでいる．ヤギ飼養者が利用しやすいのは小規模の地ビールカスやトウフカスである．トウフカスは高エネルギー，高蛋白質で栄養価の高い飼料であるが，ビールカスに比べて第一胃における蛋白質や繊

表 6.3 トウフカスとビールカスの飼料成分と栄養価（乾物中%）（阿部, 2000）

	ビートパルプ	ビールカス	トウフカス
粗蛋白質	12.6	27.1	27.8
粗脂肪	1.2	9.8	9.9
糖・デンプン・有機酸類	21.3	7.1	17.7
総繊維 NDF	49	56.5	47.2
TDN	71.2	70.6	90.3

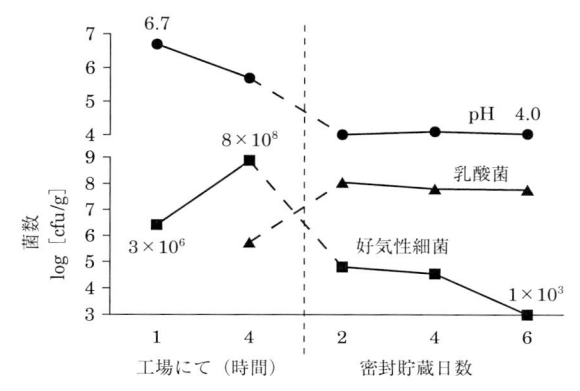

図 **6.2** トウフカスの密封貯蔵と微生物の動き（今井，2001b）

維成分の分解速度が速いため，第一胃発酵の安定性を考慮した飼料の構成に留意する必要がある．また，脂肪含量も高いので，給与飼料の乾物中脂肪含量が6％をこえないように注意する（表6.3，図6.2）．

d. 配合飼料

飼料会社から市販されている配合飼料にはトウモロコシ，マイロ，麦類などの穀類とヌカ類を配合してペレット化したものとアルファルファヘイキューブを砕いて添加したものもある．

2001年のBSE（牛海綿状脳症）の発生以降に飼料安全法が改正され，魚類を含む動物蛋白質由来の原料については反芻家畜であるヤギに給与できないことになっている．ヤギ用の配合飼料として製造許可をとったものは少ないので，ウシ用の「A飼料」と表示してあるものを購入せざるを得ない．

6.2 飼料の調製と貯蔵

6.2.1 サイレージ

サイレージ調製の基本はいかに早く安定した乳酸発酵を行わせるかであり，①良質な原料，②適正水分（50〜60％），③高密度（細切，圧密），④早期密封，⑤ラップフィルムの破損防止が重要である．

サイレージの調製方式については，牧草類ではロールベール＋ラッピング体系が普及しており，飼料作物ではFRP製サイロやバンカーサイロがある．小

図 6.3 サイロ詰め作業（今井明夫撮影）

規模のヤギ飼育農家にはプラスチック製ドラム缶（60 または 200 L 容）でサイレージ調製することを薦めたい．

サイロの容量が大きいにもかかわらず，毎日の取出し量が少ないとせっかく調製したサイレージを給与するときに開封後の好気的変敗によって捨ててしまうことになるので，開封したらプラスチックドラム缶に小分けして再密封するとよい．

高水分のカス類（ビールカス，トウフカス，ジュースカスなど）も製造工場で排出後，ただちに水分調整して密封処理すればサイレージとして利用できる．

6.2.2 乾　　草

刈り倒した草の含水率を 15％以下に調整して，長期間安定した品質で貯蔵することが目的であり，途中で雨に当たったりすると栄養価や嗜好性が大きく低下することになるので，好天の続く時期を見きわめることが大切になる．小規模のヤギ飼育者が乾草を調製する場合には，大型の機械類は必要とせず，刈払い機や歩行型モアーを使用するが，イネ科牧草は穂ばらみ〜出穂初期に刈り取ることで栄養価が高く維持できるとともに，草量が抑えられて乾燥の時間が短くてすむ．

梅雨前に収穫した乾草は保管中に吸湿してしまい，カビが発生しやすいので，ビニール袋やシートで密封しておくとよい．小型のロールベーラーやラッピン

グマシーンを所有している畜産農家と共同で乾草調製すれば能率的である．

数十頭以上の飼養規模になると相当量の乾草を必要とするため，大型機械を所有する酪農家と共同して計画的な粗飼料生産計画を立てることが必要である．

大きな河川の管理を行っている国土交通省や道府県では河川堤防の草生管理を行っているので，そうした河畔草を梱包して利用することも可能である．

6.2.3 貯蔵野菜類（塊根茎類，果菜類，根菜類）

ジャガイモとサツマイモは貯蔵野菜の代表格である．ジャガイモは低温貯蔵できるが，光条件下では緑化しやすく，緑化部分や芽は有害なソラニンなどのアルカロイドが含まれているので注意を要する．一方，サツマイモの適正貯蔵温度は 10〜15℃であり，それ以下でもそれ以上でも腐敗してしまうので，特別に貯蔵室を用意する必要がある．農舎の一角を仕切って発泡スチロールで断熱し，低温の厳冬期にはヒーターによる加温が必要になる．ただし，これらの塊根茎類にはデンプンが多く含まれているため，大量に与えるとルーメン内で異常発酵が起こり（穀類性鼓脹症），ガスが溜まることがある．

果菜類の中では，カボチャが利用できる．カボチャは8℃前後の温度で保存するが，皮色が赤や緑の品種よりも白皮の品種の貯蔵性が高い．

根菜類の中では，ニンジンとダイコン（飼料カブを含む）が利用でき，土つきのまま貯蔵する．

6.2.4 発酵 TMR

小規模飼育の場合は問題ないが，多頭飼育になると，ヤギの飼料をあれこれと用意して別々に給与するのは作業が煩雑で，大変である．大規模なヤギ牧場では，必要な飼料材料を混合して，混合飼料（total mixed ration）を調製すると給与作業を省力化することができる．

サイレージやカス類と混合したウエットタイプの TMR を混合調製後にただちに給与するフレッシュ TMR については，気温の高い季節には混合後に短時間でカビや酵母の発生など好気的変敗が進行してしまい，嗜好性を低下させ，採食量の減少や飼料の廃棄が発生しやすくなる．

この対策として，混合調製後に一定期間密封貯蔵して乳酸発酵を行わせてか

ら開封して給与する「発酵 TMR（TMR サイレージ）」が急速に普及している．発酵 TMR は混合調製後に保管するスペースが必要なことや保管条件が不良な場合には腐敗が進行して給与できなくなる場合もあるが，乳酸発酵やアルコール発酵が順調に行われた良質なものの pH は 4.0 前後で，酵母および糸状菌の増殖が抑制され，開封後の二次発酵（好気的変敗）が遅延するので，嗜好性が高く，飼料廃棄がほとんど生じない．

発酵 TMR のメリットとして以下のような点があげられる．①食品残さなど多様な飼料資源が利用できる．②嗜好性の低い素材（稲わら，キノコ廃菌床，茶がらなど）も利用できる．③開封後の好気的変敗がなく，給与飼料のロスが少ない．④ルーメン発酵の安定性が維持され，飼料の消化性が向上する．

6.3　飼料の評価

6.3.1　飼料の栄養価

飼料の一般成分（粗蛋白質，粗繊維，粗脂肪×2.25，可溶無窒素物）に各成分の消化率を乗じて合算した可消化養分総量（TDN）が一般的に使われている．

繊維成分を中性および酸性の界面活性剤で溶解し，不溶成分を中性デタージェント繊維（NDF）および酸性デタージェント繊維（ADF）として分析することもある．さらに，酵素を用いて細胞壁物質（OCW）と細胞内容物（OCC）に

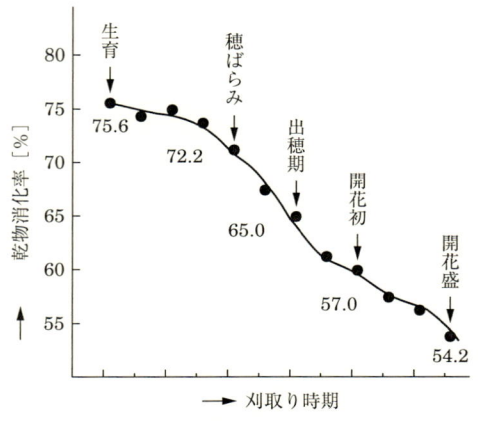

図 6.4　イネ科牧草の刈取りステージと乾物消化率
（高野・山下，1990）

分画し，OCW を繊維分解酵素のセルラーゼで処理して高消化性繊維と低消化性繊維に分画して飼料の消化性を評価することも行われている．

イネ科牧草では乾物中 7〜15％の粗蛋白質（CP）を含むが，生育ステージによって大きく変動し，刈り遅れたり，乾燥処理中に降雨があったりすると CP 含量は 5％程度まで低下することもある．蛋白質の不足は大よそヤギの糞の色で判断することができる．褐色から暗褐色の糞であれば蛋白質の必要量は充足されていると判断できるが，薄茶色の糞では不足の状態とみるべきで，マメ科の飼料や大豆を補給するか，トウフカスを少量給与するなどのことを考える．

乾物消化率も蛋白質と同様にイネ科牧草では穂ばらみから出穂初期に高く，開花期，結実期と成熟が進むに伴って急速に低下する（図 6.4）．

6.3.2　飼料の品質

乾草やサイレージの品質は土砂の混入やカビの発生，腐敗などが問題となる．乾草調製においては降雨に当てないで短期間に仕上げることが重要であり，モアーコンデイショナーで茎を圧砕したり，テッダーで反転作業を行うが，小規模の場合には，草丈が伸びすぎないうちに多回刈りすることを心がけるとよい．

春の一番刈乾草で栄養価が高く，良質なものは，梅雨に入って吸湿してカビが発生することが多いので，乾草をラッピングしてカビを防止することもある．

サイレージ調製では，適水分に予乾することと高密度にして残存空気を排除することで乳酸発酵を促進して酪酸発酵を防止するようにする．ロールベールサイレージでは，ネズミやカラスなどによるフィルムの損傷が品質劣化による廃棄の最大の要因なので，その対策を行う．

穀類やヌカ類では，カビの発生や虫の発生を防止するとともに，脂肪の酸化防止にも配慮する必要がある．脂肪は高温多湿の条件で酸化しやすく，酸化が進むと過酸化物が生ずるので飼料として利用できなくなる．特に，生米ヌカは劣化の進行が速いことに留意すべきである．米ヌカの劣化を防止するには，冷蔵保管が一番であるが，100℃以上の熱処理でリパーゼを失活させるか，水分含量を 8％以下に低下させるとリパーゼの活動を抑制することができる．

6.3.3　飼料の嗜好性・採食性

飼料の価値は栄養価が高いだけでなく，嗜好性に優れていることが重要であ

る．嗜好性はヤギの採食量に反映するので，給与した飼料が残食なく採食されていることを確認する必要がある．良質で，乾物消化率が60％以上の乾草や牧草サイレージはそれを単味給与するだけで必要な養分を充足することができるが，品質が不良であったり，栄養価が低かったりする粗飼料では必要な養分を充足することができないので，ヤギのボディコンデイションが低下して栄養不良状態に陥る．

豆殻は栄養価が低いものの，ヤギによる嗜好性が高く，例外的といえるが，豆殻と合わせて栄養成分のある飼料を給与することが必要になる．カボチャやサツマイモは栄養価が高く，嗜好性もよいことから，重要な越冬飼料になる．

6.4 飼 料 衛 生

ヤギに飼料を給与する際，飼料成分の過不足がないように留意する．また，有毒植物による中毒はヤギの健康管理上重要な問題である一方，ある植物では薬用効果が認められるものもある．ただし，少量で滋養や薬用効果が認められたとしても，多量摂取すると中毒を引き起こす植物があるため，適正投与量の把握が必要である．

6.4.1 養分の過不足

飼料中に含まれる栄養素（養分）に過不足が生じた場合，代謝異常により疾病を引き起こし，結果的に繁殖，発育，生産などに影響を及ぼすことがある．また，栄養素は飼料の貯蔵期間中に失われることもあり，特にビタミンAやEなどには注意が必要である．

a. 蛋白質，脂肪または炭水化物の過不足

ヤギの給与飼料中に含まれるべき粗蛋白質含量は乾物中12％とされているが，このレベル以下になるとルーメン内微生物の活性に影響を及ぼす結果，成長が遅れたり，体重が減少したりする．一方，蛋白質過剰の場合には軟便や下痢が発生したり，濃厚飼料やマメ科草などの高蛋白飼料を急激に多量摂取すると鼓脹症を引き起こしたりすることがある．

低脂肪の飼料を与えると，脱毛，皮膚炎，組織壊死などの症状を示したり，泌乳ヤギでは乳量減少をもたらしたりする．一方，粗脂肪含量が飼料乾物中6

％をこえると，ルーメン内微生物に悪影響を及ぼして繊維の消化率が低下する．

単胃家畜はエネルギー源として非繊維性炭水化物（可溶性糖類）を利用するが，反芻動物であるヤギはルーメン内微生物の繊維消化によって産生する揮発性脂肪酸を主に利用し，これは必要なエネルギー量の約70％を占める．飼料中の繊維質が不足し，可溶性糖類が過剰になるとルーメン内異常発酵により乳酸アシドーシス，食欲減退，体重減少などが起こる．

b. ミネラルやビタミンなどの過不足

生体内でミネラルは骨格や歯を形成し，蛋白質，脂肪および炭水化物と結合して筋肉，内臓器官，血球などに存在するとともに，酵素の一部を構成しており，重要な役割を果たしている．カルシウムとリンは成長，繁殖，泌乳などに必要であり，その比（適正比1.5～2.0：1）がくる病（子ヤギ）や骨粗鬆症（成ヤギ）の発生と関係する．また，草のマグネシウムが不足したり，カリウムが過剰になったりする（乾物中マグネシウム含量が0.2％以下またはカリウム／（カルシウム＋マグネシウム）が2.2以上）とグラステタニー（低マグネシウム血症：食欲減退，神経過敏，痙攣，発育遅延など）が起こりやすい．

ヤギでは，水溶性ビタミンがルーメン内微生物により体内合成されるが，脂溶性ビタミンであるA，DおよびEは飼料として摂取しなければならない．A欠乏では夜盲症や流産など，D欠乏ではカルシウムとリンの代謝異常（カルシウム吸収阻害）によりくる病や骨粗鬆症，E欠乏では抗酸化作用低下による繁殖障害の原因となる．β-カロテンは体内で一部がビタミンAに変換されるが，単独でも繁殖機能の維持に有効な働きをする．

非蛋白態窒素化合物である硝酸塩が飼料乾物中0.2％以上になると硝酸中毒（血中ヘモグロビンの破壊）が起こる．過剰な窒素施肥条件で栽培された牧草や野菜類には硝酸体窒素が蓄積されやすいので注意する必要がある．

6.4.2 有毒植物

山野草を利用する場合，有毒植物に注意する必要がある．ヤギは本能的に有毒植物を避けて摂取するが，放牧経験がない場合や草量が不足する場合には有毒植物を採食して中毒を起こすことがある．症状としては，元気喪失，歩様異常，流涎，嘔吐，発泡，昏睡，硬直，痙攣，呼吸困難などがあり，重篤な場合には死に至ることがある．ヤギ（一部はウシやヒツジにも共通）にとっての有

表 6.4 ヤギにとっての代表的な有害植物

科	植物名
ツツジ	アセビ，ネジキ，レンゲツツジ
トウダイグサ	ヒマ（トウゴマ）
ナス	ジャガイモ，タバコ，チョウセンアサガオ
キョウチクトウ	キョウチクトウ
ゴマノハグサ	ジギタリス
ケシ	ヒナゲシ
マメ	ハウチマメ
キンポウゲ	トリカブト，キツネノボタン
セリ	ドクゼリ，ドクニンジン
ジンチョウゲ	ジンチョウゲ，ミツマタ
ユリ	イヌサフラン
イチイ	イチイ

北原（1979）および米村（1979）をもとにして作成．

害植物のいくつかを表 6.4 に示す．

6.4.3 薬用植物

　ヤギにとって内部寄生虫症は重要疾病の 1 つであり，駆虫効果のある植物が見つかっている（Akhtar et al., 2000）．落葉高木のセンダン（*Melia azedarach* var. *subtripinnata*）の葉または果実の水抽出物が消化管内寄生虫症感染ヤギ糞由来の一般線虫の子虫の発育を抑えたり，葉および果実の経口投与が糞中の一般線虫卵数を減少させたりすることが認められている（Nakanishi et al., 2011）．しかし，センダンの過剰摂取は中毒を招来するため，必要以上の投与は禁物である．また，帰化植物のヘラオオバコ（*Plantago lanceolata*）にオステルターグ胃虫の抑制効果がウシで認められていること（Gustine et al., 2001）から，ヤギへの応用が期待される．このように，身近な薬用植物を検索して有効利用することで，治療費節減の一助となるとともに，化学合成薬剤に極力依存しない治療法の確立につながる．

6.4.4 不消化物および危険物の摂取防止

　紙類の多くは化学繊維と合成して製造されているので，摂取しても消化せずに胃内に残留したり，消化管内で異物となって飼料粒子の通過を妨げたりする

こともある．印刷物の多くはインク由来の化学物質を有するので有毒である．

小屋の周辺にある石油化学製品の袋類，紐類，発泡スチロールなどを摂取すると消化管内で団子状の塊となって消化管通過障害を起こす大きな要因であり，ヤギが口にしないように特に注意が必要である．

6.5 未利用資源の活用

6.5.1 稲ワラの尿素処理

秋の天候が不順で乾燥稲ワラの収穫が困難な地域では，稲ワラの保存性を高め，消化性を改善する目的で尿素処理技術が開発された．濃度30％の尿素液を作製しておき，収穫後の稲ワラ集草列に散布して梱包作業を行う．散布量の目安は含水率30％の稲ワラ重量200 kgに対して尿素液が4 kg程度である．ロールベールをラッピングして密封すると貯蔵期間中に尿素がアンモニアに変換され，ワラの繊維に作用して消化率が向上する．ロールベール作業の機械がない場合には，サイロに切断ワラを入れてから尿素液を散布して密封処理してもよい．尿素処理における留意点は，①尿素液の添加量は材料の2％以下とすること，②尿素処理飼料はアンモニア変換効果を確認してから開封すること，③給与量は成ヤギで1日200 gまでとすることなどである．

6.5.2 カス類の利用

鹿児島県や沖縄県では，サトウキビの生産が盛んであるが，製糖時にその搾りカスであるバガスが排出される（原料の約25％）．かつては，バガスを原物のままあるいは乾燥してウシの粗飼料として用いていたが，嗜好性に問題があることから，なんらかの処理を施し，嗜好性や栄養価値を改善する試みがなされてきた．バガスとフスマを乾物重比1：3で混合したものに加水し（水分36％に調整），滅菌後に麹菌（*Aspergillus sojae*）を乾物当たり0.1％添加して35℃で3日間，好気発酵することで，ヤギによるバガスの嗜好性や消化性（特に，繊維消化）が改善する（Ramli *et al*., 2005a）．また，肉用ヤギにバミューダグラス乾草とアルファルファヘイキューブを与える方法とヘイキューブを上記の麹菌発酵処理バガスで代替給与する方法との間で比較すると，ヤギの発育，飼料利用性，健康状態および産肉性に両者間で大差ないこと（Ramli *et al*.,

2005b)から,麹菌発酵処理バガスはヤギの飼料として利用可能である.

6.5.3 木質系バイオマスの利用

木質系バイオマスとは,森林からもたらされる有機性資源のうち,二次的利用の可能性を持つと考えられる副産物や廃棄物であり,林地残材(間伐材,風倒木など),製材工場等残材(バークやノコクズ),キノコ廃菌床(ノコクズ,廃ほだ木など),剪定枝,ボイルタケノコ皮などがある.畜産側からみた場合,木質系バイオマスのほとんどは植物繊維,特に木質繊維からなっており,そのままでは家畜への利用は難しい.しかし,反芻家畜に植物繊維は不可欠であることならびに反芻家畜はルーメン内微生物の力を借りて植物繊維を分解・利用できることから,木質系バイオマスはヤギにとっても飼料資源の1つになりうるものであり,なんらかの処理を施すことで栄養価値も向上する.したがって,木質系バイオマスを積極的に飼料として活用し,資源循環型畜産を推進することは,環境負荷を抑えるとともに,自給飼料の確保につながる.

a. キノコ廃菌床とシイタケ廃ほだ木の飼料化

従来,菌床栽培キノコのほとんどがオガクズを培養基材としていたが,近年,エノキタケ,ブナシメジなどではコーンコブを培地とする栽培が主流となっている.コーンコブ(トウモロコシの穂軸)はもともと粗飼料として利用されていたものであり,それにフスマ,トウフカス,米ヌカを加えたキノコ培地はやや粗剛なイタリアンライグラスストローとほぼ同等の飼料価値を持っている.廃菌床は1カ所でまとまった量が年間を通して排出されるので,TMRの原料として利用が始まっている.キノコ工場で排出される廃菌床は含水率が55〜60%であり,そのままでは変敗するので,各種粕類と同様に早期に密封処理することで貯蔵や流通利用が可能になる.

菌床栽培ではないが,シイタケ原木栽培の廃ほだ木はシイタケ菌によってリグニンが消化されているので,粗飼料として使えるとの報告はあるが,単独では嗜好性が低いので,他の飼料と混合して利用するなどの工夫が必要になる.

b. 竹の飼料化

放牧地では,ウシ,ヒツジ,ヤギなどの草食反芻家畜がススキ,チガヤ,シバなどの野草とともに,ササも採食するのを見かけるが,ササも竹も同類であるため,竹の飼料化が可能なことは自明の理である.竹の飼料化はいまに始まったことではなく,古くから行われてきており,1980年代に爆砕や蒸煮といっ

た物理的処理により消化性の改善が図られ，その後，竹クズや解繊処理した竹粉のサイレージ化が試みられた（中西，2009）．解繊処理したモウソウチクと甘藷焼酎カスを混合したものにフスマあるいは白ヌカ（米ヌカをさらに精白したもの）を乾物重量比で5～10％添加することで，良質なサイレージが調製可能である（中西ほか，2009a）．また，アルファルファヘイキューブの30％（TDN換算）を上記のサイレージ（白ヌカ10％添加）で代替給与しても飼料摂取量や健康状態に影響はみられず（中西ほか，2009b），その混合飼料を泌乳ヤギに与えると，乳量や乳成分はアルファルファヘイキューブの場合と比べて遜色なく，むしろ乳中の長鎖不飽和脂肪酸であるオレイン酸とリノール酸（コレステロール抑制，抗発がん，心臓疾患予防，高血圧予防などの効果が認められている機能性成分）を増やす傾向がある（中西ほか，2009c）．

〔今井明夫・中西良孝〕

参 考 文 献

阿部　亮（2000）：食品製造副産物利用とTMRセンター，酪農総合研究所．
Akhter, M.S., Iqbal, Z., Khan, M.N., Lateef, M.（2000）：Anthelmintic activity of madicinal plants with particular reference to thair use in animals in Indo-Pakistin subcontinent. *Small. Runin. Res.*, **38**：99-107.
Gustine, D.L., Sanderson, M.A., Getzie, J., Donner, S., Gueldner, R., Jennings, N.（2001）：A strategy for detecting natural anthelmintic constituents of the grassland species plantago kincedata. Proc XIX Int. Grassl. Congs., Brazil, p.464-465.
配合飼料供給安定機構（2009）：エコフィードを活用したTMR製造利用マニュアル．
今井明夫（2001a）：米ぬか劣化防止処理装置．特許公報第3174744号．
今井明夫（2001b）：粕類の乳酸発酵技術．未利用有機物資源の飼料利用ハンドブック　p.171-175．サイエンスフォーラム社．
今井明夫（2008）：新飼料資源としてのキノコ廃菌床の利用．畜産技術，No.638.
石崎和彦・今井明夫（1998）：生米ヌカの加熱処理による貯蔵性の向上．日本畜産学会北陸支部会報，**76**，50-51．
北原名田造（1979）：ヤギ―飼い方の実際―（特産シリーズ40），農文協．
中西良孝（2009）：現代に生かす竹資源（内村悦三監修），p.99-105，創森社．
中西良孝・東　めぐみ・西田理恵・髙山耕二・伊村嘉美（2009a）：解繊処理竹材のサイレージ化とその発酵品質．日暖畜報，**52**：27-32．
中西良孝・東　めぐみ・西田理恵・髙山耕二・伊村嘉美（2009b）：解繊処理竹材サイレージ給与が山羊の採食性，第一胃内性状ならびに血液性状に及ぼす影響．日暖畜報，**52**：39-44．
中西良孝・東　めぐみ・西田理恵・髙山耕二・伊村嘉美（2009c）：解繊処理竹材サイレージ給与が山羊の乳生産に及ぼす影響．日暖畜報，**52**：11-15．

Nakanishi, Y., Tsuru, K., Bungo, T., Shimojo, M., Masuda, Y., Goto, I. (1993)：Effects of growth stage and sward structure of *Macroptilium lathyroides* and *M. atropurpureum* on selective grazing and bite size in goats. *Trop. Grassl.*, **27**, 108-113.

Nakanishi, Y., Takayama, K., Yasuda, N. (2011)：Effects of Japanese bead-tree (*Melia azedarach* var. *subtripinnata*) on gastrointestinal parasites in goats. *JARQ*, **45**：117-121.

Ramli, M.N., Imura, Y., Takayama, K., Nakanishi, Y. (2005a)：Bioconversion of sugarcane baggasse with Japanese *koji* by solid-state fermentation and its effects on nutritive value and preference in goats. *Asian-Aust. J. Anim. Sci.*, **18**：1279-1284.

Ramli, M.N., Higashi, M., Imura, Y., Takayama, K., Nakanishi, Y. (2005b)：Growth, feed efficiency, behaviour, carcass characteristics and meat quality of goats fed fermented bagasse feed. *Asian-Aust. J. Anim. Sci.*, **18**：1594-1599.

高野信雄・山下良弘（1990）：和牛経営の技術革新とサイレージ戦略，築地書館．

米村寿男（1979）：家畜衛生ハンドブック（石井進監修），p.120-141，養賢堂．

全国肉用牛振興基金協会（2009）：自給飼料・放牧利用（黒毛和種飼養管理マニュアル第5編）．

7. ヤギの繁殖

7.1 雌の繁殖

7.1.1 生殖器の機能と構造
　雌の生殖器は，生殖腺である卵巣と副生殖器の卵管，子宮，子宮頸，膣および膣前庭，外部生殖器に分けられる．

a. 卵巣

　1対の腺で骨盤腔内に卵巣間膜に支えられ収まっている．ヤギの場合ヒトの小指の先ほどで3〜4gの大きさである．

　主な機能は，卵子の形成と退行，黄体の形成と退行，ホルモンの生産である．ホルモンは，性ステロイドホルモンの一種エストロジェンが分泌され卵胞，黄体の発育や第二次性徴の発育などの働きをする．

b. 卵管

　卵巣と子宮との間の管で卵管膨大部と卵管峡部に分かれ，精子と卵子を受精部位である卵管膨大部へ運搬する働きと受精した卵子を子宮へ運搬する働きをする．

c. 子宮

　精子の卵管への輸送，精子の受精能獲得，受精卵の着床・発育（妊娠）といった働きをする．

　ヤギの場合，左右に分かれている双角子宮と呼ばれる形態をしている．

d. 子宮頸

　子宮頸は子宮と膣との連結部位で，円筒状の厚く堅い組織である．ヤギの子宮頸は長さが4〜7cmで，内側は襞状になっており，発情時は弛緩し，精子の通過を容易にしているが，それ以外のときは堅く閉じており，外部からの感染

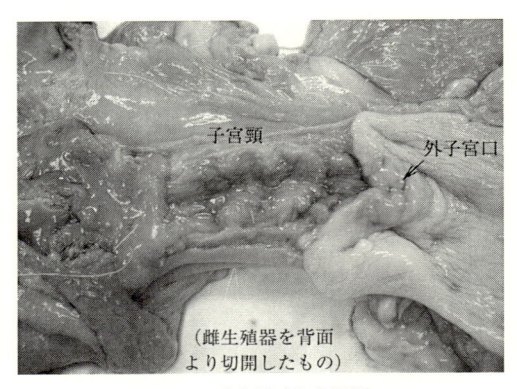

図 7.1　子宮頸（筆者撮影）

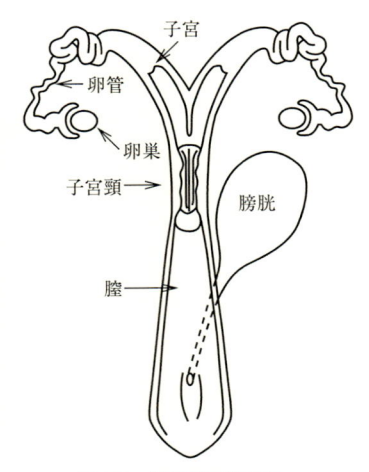

図 7.2　雌性殖器概略図
（作図：遠藤慈子）

を防御する働きをする.

人工授精では，精液は子宮頸深部に精液が注入される（図 7.1）.

e.　膣

交尾器と産道の働きをする. ヤギでは膣内に精液が射出され，精子は一時的に貯留され，子宮頸へと輸送される.

膣内では頸管粘液や子宮内からの分泌液が混ざり合ったものに精漿が混ざり合って精子の生存に適した環境をつくりだしているとされる（図 7.2）.

7.1.2　ホルモンの作用と繁殖

性腺の発達や卵子，精子の形成，妊娠・分娩，泌乳に至るまでの一連の繁殖には，いくつものホルモンが複雑に関与し，作用している.

7.1.3　性ホルモンの種類と作用

a.　性腺刺激ホルモン放出ホルモン（GnRH）

視床下部から分泌されるホルモンで，下垂体前葉に作用して性腺刺激ホルモンを分泌させる作用がある.

b.　性腺刺激ホルモン

卵胞刺激ホルモン（FSH）および黄体形成ホルモン（LH）を併せて性腺刺激ホルモンという.

FSH は，卵巣に作用して卵胞を発育させて排卵可能な状態まで成熟させる．雄では，精巣を発育させ，精細管の肥大，初期の精子形成に関与している．

LH は FSH と共同で卵子の排卵を起こさせ，排卵後には，黄体を発育させる作用がある．

c. エストロジェン（卵胞ホルモン）

主に卵巣から分泌されるホルモンで，発情行動を起こさせるほか，卵管，子宮頸管などの副生殖腺を刺激し，収縮運動や粘液の分泌などを起こさせる．また，雌の第二次性徴を発現させ，体型の変化や乳腺の発育にも関与している．

d. プロジェステロン（黄体ホルモン）

主に黄体から分泌されるホルモンで，ヤギの場合，妊娠中ずっと黄体からプロジェステロンが放出し続けて妊娠が維持される．

7.1.4 日照時間とホルモン

ザーネン種やアルパイン種などヨーロッパを原産とするヤギは，季節繁殖性の品種であり，日照時間が短くなる秋に繁殖シーズンを迎える．その作用には，眼からはいる日照時間（短日）の情報により松果体からメラトニンが分泌され，そのメラトニンが視床下部からの性腺刺激ホルモン放出ホルモンの分泌に関係しているといわれている（図 7.3）．

7.1.5 性成熟

品種により差はみられるが，雌の場合には 5〜6 カ月齢で初回発情がみられる．季節繁殖性のある品種については，春季発動時期が非繁殖季節に当たる場合は性成熟の月齢に達していても卵巣機能が低下しており，発情がみられないこともある．

7.1.6 発情

ヤギでは，飼育環境（地域），品種などによって繁殖期の違いがみられるが，どの品種も約 21 日（18〜22 日）周期で発情を繰り返す．発情の持続時間は 24〜48 時間程度である．

ヤギの発情兆候は，一般的に明瞭で，①外陰部の充血や腫脹，②しきりに鳴き叫ぶ，③尻尾を盛んに振る，④落ち着きなく歩き回る，⑤群れで飼育してい

7. ヤギの繁殖

日照時間の変化

視床下部
A　B
松果体　下垂体

A：松果体からのメラトニンの分泌
B：視床下部からの性腺刺激ホルモン放出ホルモンの分泌

卵管
子宮
卵巣
C
4
5
D
E

C：下垂体からの性腺刺激ホルモンの分泌
D：卵胞が発育し，エストロジェンが分泌される
E：排卵後に黄体が発育し，プロジェステロンが分泌される

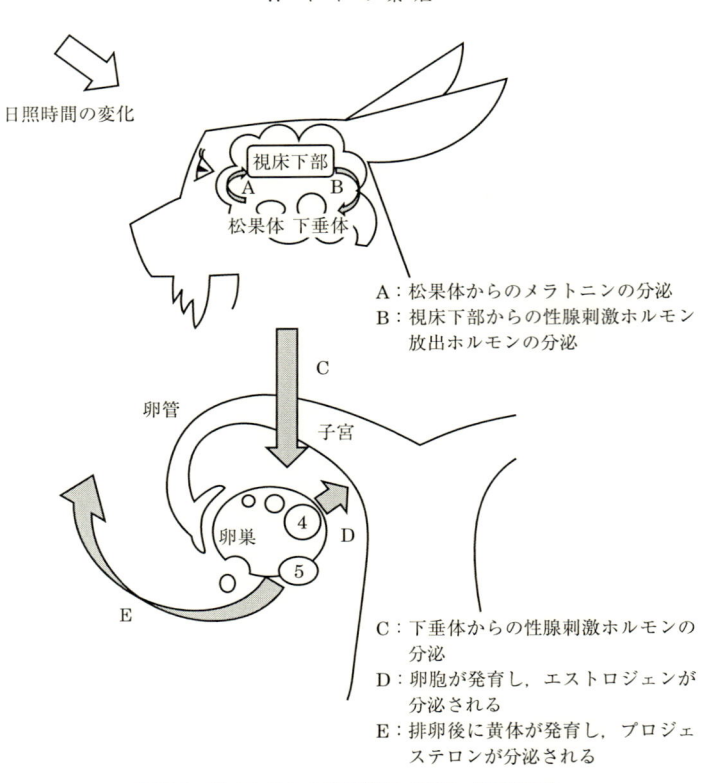

図 **7.3**　性ホルモンの作用機序（作図：遠藤慈子）

図 **7.4**　発情期には雌どうしで乗駕しあう（筆者撮影）

る場合は雌どうしでも乗駕しあう（図7.4），などの外見や行動の変化がみられる．

7.1.7 受胎・分娩

ヤギの妊娠期間は約150日で，シバヤギなどの小型の品種では約148日とやや短い．発育が良好な個体については6カ月齢以上になれば繁殖に供用できる．ザーネン種の場合，春生まれた個体が秋には交配可能となる．当歳個体の繁殖では母体もまだ発育の途上であるため，飼養管理には十分注意を払う．また，乳用種の場合，繁殖期にはいる9月ごろはまだ泌乳中で，搾乳を続ければ分娩直前まで泌乳し続けるが，必ず分娩の50〜60日前には乾乳させる．

分娩は比較的安産の場合が多いが，太りすぎや運動不足になると難産や膣脱を起こすなどトラブルが起きるので，適度の運動をさせるとともに，配合飼料の給与量にも注意を払う（図7.5，図7.6）．

図7.5 正常な分娩（筆者撮影）　　図7.6 膣脱（筆者撮影）

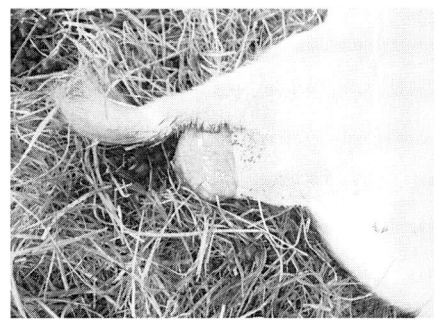

7.1.8 妊娠診断

交配後の発情が回帰するかどうかの確認をするノンリターン法が一般的で，交配後の次の周期に当たる約21日目に発情が発現するかを観察する．ただし，季節繁殖性の品種の個体を繁殖期末期の1月に交配させる場合には，すでに繁殖期が終了しており，発情が回帰せず，妊娠していないこともあるため，注意が必要である．

交配後40〜50日経っていれば，超音波診断装置での妊娠診断が可能となり，

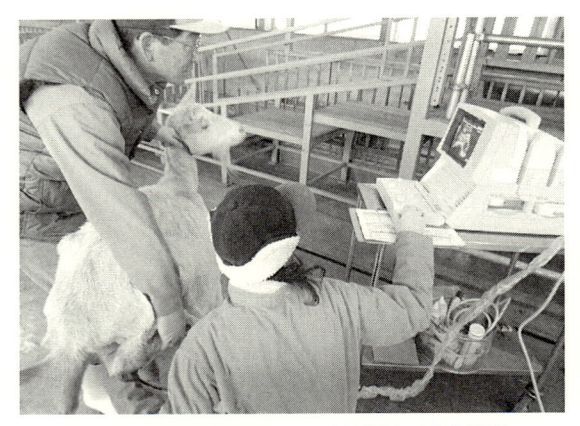

図 7.7 超音波診断装置による妊娠鑑定（筆者撮影）

体側からプローブ（探触子）をあて，胎児や羊水を確認することができる（図7.7）．

7.2 雄の繁殖

7.2.1 生殖器の構造

雄の生殖器は，大きく3つの部位に生殖腺，副生殖腺および交尾器に分けられる．

a. 精巣

精巣は卵円形の1対の組織で，ヤギの場合，ウシやメンヨウと同様に陰嚢の中に縦向きで垂直に収められている．大きさは約 150 g で，メンヨウやブタとともに体重に対して大きな部類に入る．

主な機能は，精子の生産およびホルモンの生産である．ホルモンとしては性ステロイドの1種であるアンドロジェンが分泌され，精子の形成や第二次性徴に重要な働きをする．

b. 副生殖腺

副生殖腺は，精囊線，前立腺および尿道球腺（カウパー腺）から構成されており，精子が射出される際に各器官から分泌液が分泌される．

1) 精囊線 精囊線は膀胱の背面に位置し，大きさはウズラの卵大で，精子のエネルギー源（フラクトース）供給の働きや浸透圧の調整作用（クエン酸）

のある液状成分を分泌する．

　2）前立腺　尿道を包み込むように位置し，ヤギでは体部を欠くため，外見上は確認しづらい．各種塩類とクエン酸を含んだ精嚢腺液を分泌する．

　3）尿道球腺（カウパー腺）　他の副生殖腺からの分泌よりも少量であるが，精液の射出前に分泌され，尿道を洗浄する作用があるとされている．

　ヤギでは，卵黄と反応して凝固する成分が含まれているため，卵黄を主成分とする精液保存液を使用する場合には，注意が必要である．

c. 陰　茎

　ヤギの陰茎は，ウシやメンヨウと同様に平時は陰茎後引筋により後ろに引かれ，S字状に屈曲して包皮内に収まっている．ヤギやメンヨウでは，外尿道口が陰茎の先端をこえて突出しているのが特徴である．

　性的に興奮状態になると，この陰茎後引筋が弛緩してS字状の陰茎がまっすぐに伸びて包皮から突出する．ヤギの陰茎は，海綿体があまり発達していないため，勃起時に太さや長さはほとんど変化しない（図 7.8）．

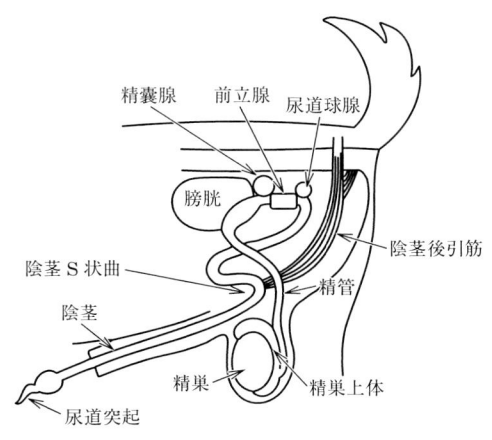

図 7.8　雄生殖器略図（作図：遠藤慈子）

7.2.2　雄の性ホルモン

a. アンドロジェン（雄性ホルモン）

　主に精巣のライディヒ細胞（間質細胞）で生産・分泌されるホルモンで，雄の副生殖腺の発育や第二次性徴の発現，精子の形成などに関与する．

b. 性腺刺激ホルモン

雄の卵胞刺激ホルモン（FSH）は，精巣を発育させるとともに，精細管を肥大させ，精子の形成に関与する．

黄体形成ホルモン（LH）は，精巣の間質細胞や精細管を刺激し，雄性ホルモンの生産分泌を促進する．このため，間質細胞刺激ホルモン（ICSH）ともいう．

7.2.3 性成熟

雄の場合，3カ月齢頃より春期発動となり，季節繁殖性のある品種については，雌の繁殖季節に合わせて雄どうしの乗駕やフレーメンをするなど強い繁殖行動を示すようになる．

7.2.4 雄の繁殖季節

雄については，季節繁殖性のある品種でも通年交配することは可能であるが，繁殖期以外では精子濃度が低下したり，性欲が減退したりする．

7.2.5 精液の性状

ヤギの精液性状については，表7.1のとおりである．

表7.1 ヤギの精液性状

精液量	0.5〜2.0 mL	平均 1.0 mL
精子濃度	12〜35億/mL	平均 20億/mL
pH	6.4〜7.1	平均 6.8
色	乳白色	
粘稠度	濃厚で粘稠性がある	
精子の大きさ	頭部：7.5〜8.5 μm	
	尾部：50〜60 μm	

7.3 最新技術

7.3.1 人工授精

a. 人工授精のメリット

人工授精については，以下のメリットがあり，改良のために不可欠な技術と

して世界的に広く活用されてきている．ヤギにおける人工授精は，技術的にはウシと同時期に確立されているが，後代検定などの優良雄ヤギの選抜を正確に行う仕組みがないこと，ヤギ乳が自家消費中心であったため，泌乳量などの改良に対する要望が大きくなかったこと，雄ヤギを飼っていても経済的に大きな負担にならないことなど，人工授精の必要性がそれほど高くなかったことが背景となって国内では普及が進んでいない．

人工授精のメリットは，①遺伝的能力の早期判定，②種雄ヤギの利用効率拡大，③生殖器病の伝染予防，④輸送の簡便化，⑤繁殖コストの低減，⑥受胎率改善，⑦遺伝資源の保存，⑧繁殖システムの効率化，⑨繁殖データの正確化，⑩学術研究への応用，などであるが，人工授精に利用する精液や不衛生な器具で疾病を広げてしまう可能性もあるため，雄ヤギの疾病，不良遺伝形質の検査，人工授精器具の取扱いなどは細心の注意を払わねばならない．

b. 精液の採取

ヤギの精液採取は通常，人工膣法で行う（図7.9）．

人工膣の構造は，ウシのものと同様であり，図7.10のとおり外筒と内筒の間にお湯を入れ，体温に近い温度にして，精液採取を行う．

実際の精液採取では，発情を雌を使えば比較的容易に採取は可能であるが，簡単な構造の擬牝台や発情していない雌を用いての精液採取には，雄を訓練してやる必要があり，神経質な個体や自然交配に供用している個体は採取が困難なこともある．

【精液採取の手順】

（1）台雌または擬牝台を準備し，精液採取する周辺を清掃し，ほこりが立たないよう散水しておく．

（2）精液採取をする雄には，体温程度に暖めた生理的食塩水で包皮内洗浄する．

（3）精液採取する術者は，人工膣にお湯を入れ，陰茎の挿入側に潤滑剤としてワセリンを塗布し，採取の準備を整える．

（4）術者は右手で人工膣を持ち，台雌（または擬牝台）の右側にかがむ．

（5）雄の動きを観察し，1〜2度乗駕抑制をして副生殖腺液が陰茎の先端から滴るのを確認する．

（6）術者は，雄が乗駕するタイミングを見はからって，左手を包皮に添え

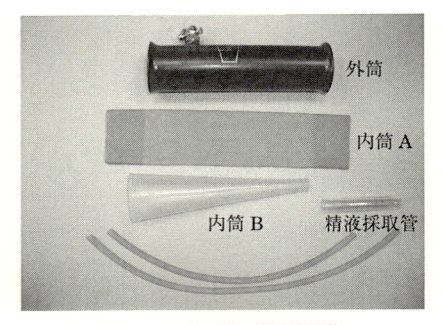

図 7.9　精液採取（筆者撮影）　　　　　図 7.10　人工膣（筆者撮影）

陰茎を人工膣に誘導し，採取を完了させる．
　（7）　採取した精液は温度の変化や紫外線の影響を受けやすいので，ビーカーなどに 38℃ の温湯を準備しておき，すぐに精液採取管をそこに入れて，温度変化を防ぐとともに，遮光し，紫外線からの保護も行う．
　c．精液および精子の検査
　採取した精液の管には，種雄の名号，採取年月日，採取者，天候などの記録を刷るとともに，精液の肉眼的検査と顕微鏡的検査を行う．
　1）　肉眼的検査
　i）　精液の量および色：　ヤギの平均の精液量は 1 mL 程度で，採取間隔や品種などでも違いはあるが，若い個体や体格の小さな個体は少なく，2 歳以上のザーネン種では 2 mL 以上採取できる個体もいる．
　色が正常なものは白色〜乳白色．黄色ががかったものや血液が混入したものは異常な精液である．また，透明な精液を射出するものがあるが，それは無精子であるため，授精には適さない．
　ii）　臭　気：　新鮮な精液は無臭である．尿臭を帯びるなどの異臭がする場合，精液に尿が混入しているなどの異常であるため，人工授精には用いない．
　iii）　水素イオン濃度（pH）：　ヤギの場合，6.4〜7.1 で，平均 6.8 程度である．pH が異常を示す場合には，人工膣の内筒や採取管が汚れていたり，精液に血液や尿が混入したりするなどの原因が考えられる．こういった場合には，器具類の洗浄やヤギの陰茎に傷がないかなどをチェックする．
　iv）　雲霧状：　ヤギの精液は非常に濃厚なため，活力が良好な精液の場合，精液採取管の外側から雲が流れるように精子の集団の動きが観察される．

2) 顕微鏡的検査

i) 精子の活力： 顕微鏡のステージにスライド加温装置をセットし，37～38℃に加温した装置の上に精子活力検査板を載せ，温度が安定したところで精液を検査板に滴下し，検査する．時間とともに活力は低下していくので，手早く観察する（図 7.11）．

ii) 精子の数： トーマ血球計算板を用いて，ゲンチアナバイオレット簡易染色液で染色して測定する．ヤギの精液は濃厚なため，原精液を 200～400 倍に希釈して測定を行う．ヤギの精子数は平均約 20 億/mL である．

iii) 奇形率： 精子の数を測定する際の簡易染色で確認も可能であるが，ギムザ染色法などで染色し，観察する．

正常な精液では，異常な精子が 10％以下であるが，20％をこえるような場合

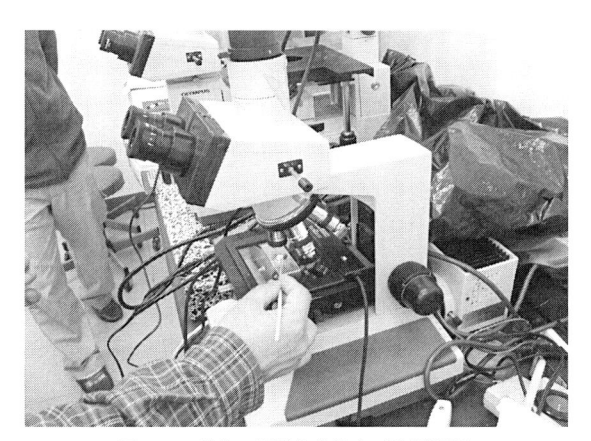

図 **7.11** 精液の顕微鏡的検査（筆者撮影）

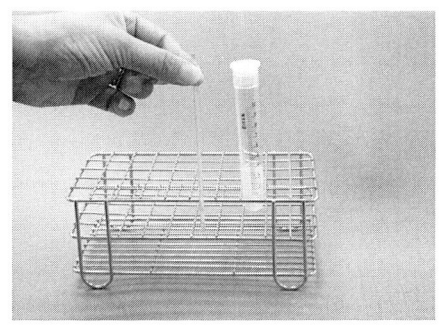

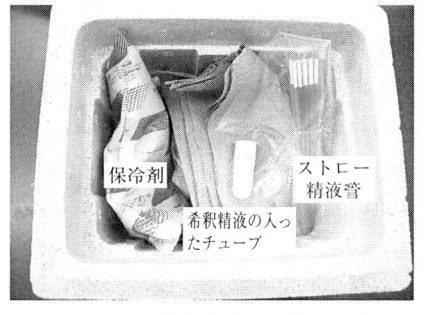

図 **7.12** 液状精液（筆者撮影）　　　図 **7.13** 液状精液の発送（筆者撮影）

には，受胎率に影響するため，人工授精には用いない．

3） 精液の保存　　ヤギの精液の保存方法には，液状保存と凍結保存がある．

i） 液状保存：　5℃で1週間程度の冷蔵保存が可能である．凍結保存よりも保存期間は短くなるが，家庭用冷蔵庫でも保存可能なため，冷凍での宅配便や液体窒素の入手が難しい場合に適する（図7.12，図7.13）．

【液状保存の精液の処理】

（1）　採取した精液と同じ温度に調整しておいた希釈液（表7.2）を用いて希釈液を徐々に滴下し，5～10倍程度に希釈する．

（2）　希釈した精液（表7.2）は，2時間程度かけて徐々に温度を下げ，4～5℃まで下げて冷蔵庫で保存する．

表 7.2　液状保存用希釈液組成 [g/100 mL]

トリスアミノメタン	0.005
クエン酸三ナトリウム	2.000
ブドウ糖	2.000
炭酸水素ナトリウム	0.100
リン酸水素二ナトリウム	0.100
スルファニルアミド	0.150
卵黄パウダー	3.000
抗生物質	
硫酸ストレプトマイシン	0.100
ペニシリンGカリウム	10万 IU

図 7.14　凍結精液（筆者撮影）

ii） 凍結保存： －196℃の液体窒素の中で半永久的に保存することが可能である（図 7.14）．

【凍結保存の精液の処理】

（1） 採取した精液と同じ温度にしておいた第一次希釈液（表 7.3）を用いて最終希釈液量の 1/2 量までの希釈を加えて希釈する．

（2） 希釈濃度については，第二次希釈後の精子濃度が 1～2 億/mL となるように調整する．

（3） 希釈した精液は，30 mL 容量の三角フラスコに移し，急激な温度変化を防ぐために室温（25～28℃）の水に浸し，2 時間程度かけて 4℃まで温度を下げる．

（4） 温度降下中に第二次希釈液の準備を行う．第二次希釈液は精子の凍害を防ぐために第一次希釈液にグリセリンを加えて，グリセリン濃度 13％に調整する．4℃まで温度が下がった第一次希釈精液に第二次希釈液を 60 分かけて滴下しながら希釈する方法と 10～15 分おきに 5～6 回に分けて希釈液を加える方法がある．

（5） 第二次希釈が終了したら，ただちに 0.5 mL ストロー精液管に封入し，

表 7.3　凍結保存用希釈液組成（第一次希釈液）[g/100 mL]

トリスアミノメタン	1.36
クエン酸	0.76
ラクトース	1.50
フラクトース	0.36
ラフィノース	2.70
抗生物質	
硫酸ストレプトマイシン	0.10
ペニシリン G カリウム	10 万 IU

図 7.15　簡易急速凍結器（筆者撮影）

凍結を行う．凍結は，液体窒素ガス中で行い，簡易急速凍結器を用いるのが一般的であるが，発砲スチロールの中に液体窒素を入れて試験管立などを架台としてその上にストロー精液管を並べても凍結することができる．

（6） 凍結終了後，凍結精液保管器内に保管する（図 7.15）．

4） 精液の注入　　ヤギの発情は一般に明瞭でわかりやすいものであるが，日ごろから朝夕の発情のチェックを欠かさず行い，精液の注入のタイミングを逃さないようにすることが重要である．

発情の持続時間は個体差もあるが，24～48 時間で，排卵が起きるのは発情の末期に起きるため，精子が受精部位に到達するまでの時間を考慮し，朝に発情を見つけたら夕方と翌日の朝，夕方に見つけたら翌日の朝と夕方のように 1 発情に対して 2 回精液を注入することで受胎率を高めることができる．

精液注入には，液状精液および凍結精液とも注入器として，現在，入手しやすいウシの 0.5 mL 精液ストロー管用の注入器を用いる．

凍結精液は 0.5 mL ストローで保管してあるため，融解し，注入器にセットする．液状精液の場合，以前，ガラス製のピペットを使っていたが，破損した場合，ヤギを傷つけてしまうこともあるため，保管している容器（サンプルチューブなど）からいったん 0.5 mL ストローに封入し，人工授精に用いるのがよい（図 7.16）．

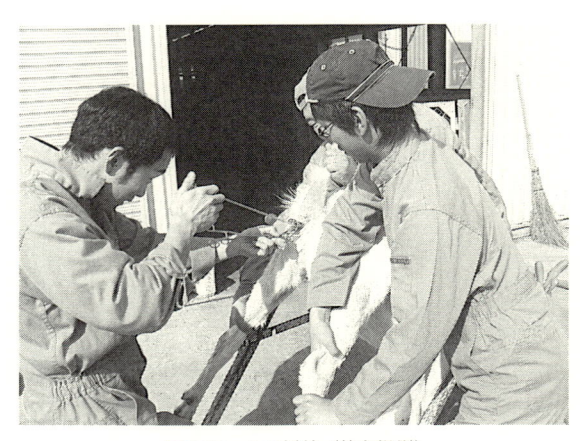

図 **7.16**　人工授精（筆者撮影）

7.3.2 季節外繁殖

季節繁殖性の品種については，秋に繁殖季節を迎え，春の分娩になるため，ヤギ乳を生産できる季節も限られてしまう．そこで，秋の繁殖季節以外にも発情を誘起し，子ヤギを生ませることで通年ヤギ乳の生産が可能となることが期待される．

季節繁殖性のヤギについては，日照時間が大きく影響を及ぼすことから，一定期間暗所に収容し，人為的に日照時間をコントロールする方法やホルモン処置による発情誘起処置が考案されている．

a. 日照時間のコントロールによる季節外繁殖

12月下旬から翌年2月末頃までの約60日間を日長時間が20時間となるように照明を行い，その後，照明を中止することで，1カ月以内に発情が発現する．この際，照明には照度の高い水銀灯などを使う必要がある．

b. ホルモン処置による季節外繁殖

繁殖期以外の卵巣は機能が低下しており，卵胞の発育が起きないこの時期に黄体ホルモンを膣内に留置することで黄体期と同じ環境を体内につくり，留置していた黄体ホルモンを除去することで卵胞の発育や排卵を促すことができ

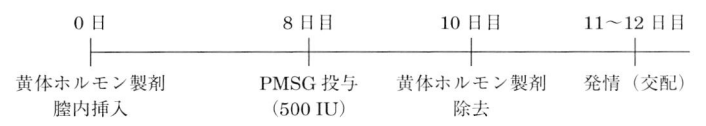

```
0日          8日目        10日目       11～12日目
├───────────┼───────────┼───────────┤
黄体ホルモン製剤  PMSG投与    黄体ホルモン製剤  発情（交配）
膣内挿入       (500 IU)    除去
```

図 **7.17** 黄体ホルモン製剤を用いた発情誘起処置方法

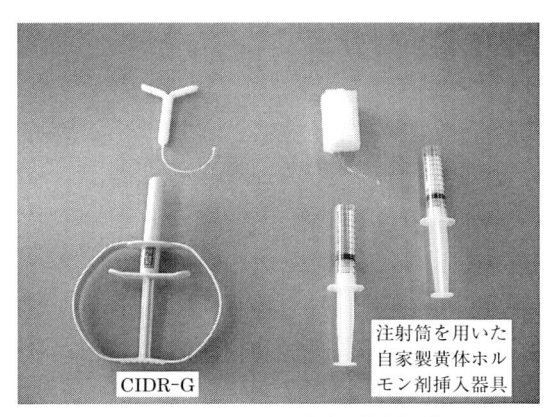

図 **7.18** 黄体ホルモン製剤（筆者撮影）

膣内留置用の黄体ホルモン製剤については，海外では「EAZI-BREED™ CIDR G®」という商品名で市販されているが，国内では販売が認可されていないので，自家製で軟膏に黄体ホルモン（または合成黄体ホルモン）を混合させたものを作製して，スポンジとともに膣内に挿入する方法で行う（図 7.17，図 7.18）．

ホルモン処置により季節外繁殖を行う場合，ヤギで使用が承認された薬がないため，獣医師と相談のうえ，実施する．

7.3.3 受精卵移植

a. 過剰排卵処置

ヤギでは，性腺刺激ホルモンの反応が比較的よいため，FSH や妊馬血清性性腺刺激ホルモン（PMSG）を投与することで多くの卵胞を発育させることができる．

また，先の黄体ホルモンを用いた発情誘起処置を併用することで，繁殖期以外の季節でも良好な卵胞の発育がみられる（図 7.19）．

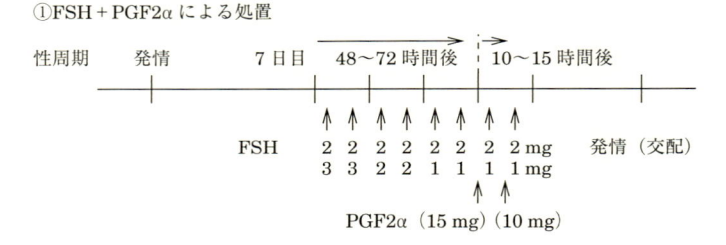

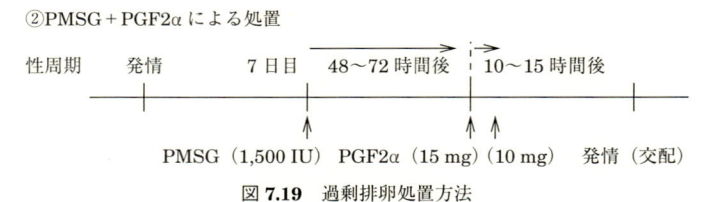

①FSH＋PGF2α による処置

性周期　発情　　7 日目　48～72 時間後　10～15 時間後

FSH　2 2 2 2 2 2 2 mg　　発情（交配）
　　　3 3 2 2 1 1 1 mg

PGF2α（15 mg）（10 mg）

②PMSG＋PGF2α による処置

性周期　発情　　7 日目　48～72 時間後　10～15 時間後

PMSG（1,500 IU）　PGF2α（15 mg）（10 mg）　発情（交配）

図 7.19　過剰排卵処置方法

b. 胚の採取

ウシからの胚採取のように頸管経由での採取が困難なため，開腹手術による方法が一般的である．

発情終了後 3 日目まで卵管を灌流する採取方法には，子宮側から灌流液を入

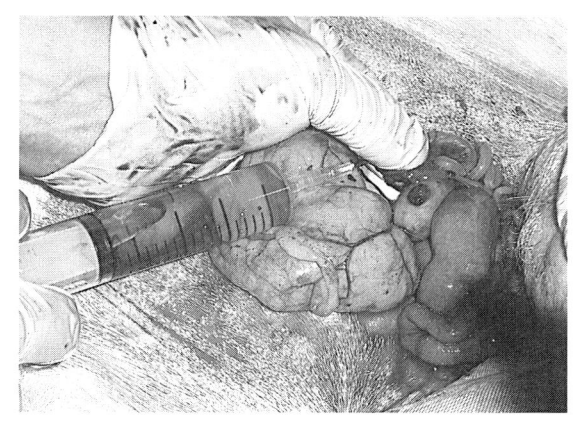

図 7.20 下向性灌流による採卵（筆者撮影）

れて卵管漏斗部で採取する上向性卵管灌流と卵管漏斗部から灌流液を入れて子宮角上部で採取する下向性卵管灌流の 2 つの方法がある．

4 日目以降の採取の場合，子宮角にバルーンカテーテルを挿入し，下向性卵管灌流法により採取を行う（図 7.20）．4 日目以降の採取は回収率は低下する．

c. 胚の移植

胚の移植については，開腹手術により移植を行うレシピエントの発情周期をあらかじめ確認して，8 細胞以下の場合は卵管，8 細胞以上の場合は子宮角への移植を行う．

d. 発情の同期化

繁殖期であっても卵巣が機能している場合には，黄体期に $PGF2\alpha$，2 mg を投与することで発情を誘起できる．注射してから通常 2～3 日後に発情が発現する．

繁殖期以外の季節では，先の黄体ホルモンを利用しての方法で発情を同期化することができる．　　　　　　　　　　　　　　　　　　　　〔名倉義夫〕

8. 乳　生　産

8.1　泌　乳　生　理

　ヤギの乳器は下腹部にあり，乳房，乳区，乳頭各1対からなる．その形態はウシとよく似た構造を示すが，ウシの場合は各2対からなる．
　乳頭の根元付近にある小さな突起を副乳頭と呼ぶ．副乳頭には乳頭口を持つものがあり，この場合は乳を分泌する．乳用種ではまれであるが，肉用在来種ではかなり多くが乳頭口を有する副乳頭を持つ．乳用種でこのような副乳頭がある場合は，搾乳時に不便であるため，子ヤギのときに動物質の糸などで根元を硬く縛っておくことで除去する．肉用在来種は一般に搾乳をすることがないため，処置を施す必要はない．
　乳房内には上部に無数の乳腺胞，下部に乳腺槽があり，乳頭には乳頭槽がある（図8.1）．乳腺胞は1層の乳腺細胞が腺胞腔を囲んだ球状の組織構造をなしており，周りが筋上皮細胞と毛細血管に取り囲まれている．乳腺細胞は毛細血管から乳成分の前駆物質を取り込み，細胞内で乳成分を合成する．乳成分は腺胞腔へと放出され，乳腺槽および乳頭槽に貯留される．なお，1日当たりの乳量と乳房における毎分血液循環量との関係から，ヤギの泌乳能力や乳期によって異なるものの，ヤギ乳1Lを生産するのに400～500Lもの血液が必要であることが知られている（Folley, 1949）．
　乳房は性成熟に伴って肥大化する．特に妊娠後期には，乳腺細胞が急速に発達し，乳房はいっそう大きくなる．妊娠期における乳腺の分化・発達は，胎盤から分泌されるエストロゲンおよびプロゲステロン，脳下垂体前葉から分泌されるプロラクチンなどのホルモンの働きによるものである．
　妊娠末期には，乳腺は十分な発育を遂げており，乳汁分泌の準備は整ってい

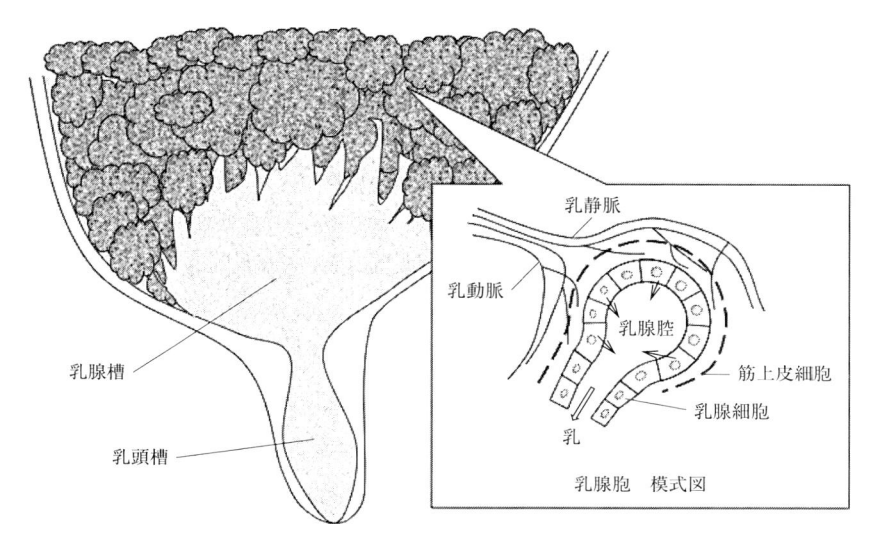

図 8.1 乳房の内部構造

るが，本格的な乳汁の分泌は分娩後に起こる．乳汁はプロラクチンが乳腺細胞に作用して生成されるが，妊娠中には，胎盤から分泌されるホルモン（エストロゲンおよびプロゲステロン）がプロラクチンの機能を抑制しているため，乳汁分泌が抑えられている．分娩により胎盤が排出されると，血中のエストロゲンおよびプロゲステロン濃度が急激に低下するため，それまで抑制されていたプロラクチンの機能が発揮され，本格的な乳汁の生成・分泌が始まる．なお，乳汁の生成・分泌には，プロラクチンのほかにも甲状腺ホルモン，副腎皮質ホルモン，インスリンなどの働きも必要であり，これらのホルモンが共同することで，約 10 カ月にわたって順調な乳汁の分泌が維持される．

　生成・分泌された乳汁を排出（泌乳）する際には，脳下垂体後葉から分泌されるオキシトシンが働く．このホルモンは乳頭洗浄や前搾りなどの搾乳刺激により反射的に分泌される．分泌されたオキシトシンは，血流によって乳腺組織に到達し，乳腺胞を取り囲んでいる筋上皮細胞を収縮させる．筋上皮細胞の収縮と，搾乳による乳の吸引により，乳腺細胞内で合成された乳成分が乳腺腔に分泌され，円滑な泌乳が可能となる．オキシトシンの血中濃度は搾乳刺激が始まってから数十秒でピークに達し，その後は漸減しながら 10 分程度で搾乳前の濃度となる．また，搾乳時にヤギを動揺させたり，苦痛を与えたりすると，交感神経が刺激され，副腎髄質からアドレナリンが分泌される．アドレナリン

は血管の収縮と血流の減少を起こすため，乳腺組織に届くオキシトシンの量が低下し，乳量が減少する．したがって，搾乳時は通常よりもヤギの扱いに注意し，できる限りストレスを与えないように，手早く作業を終えることが重要である．

8.2 搾乳，離乳および乾乳

8.2.1 搾乳

搾乳の前に，温湯で洗浄した清潔なタオルなどで乳房を清拭し，ストリップカップに乳汁を出して固形物の有無を確認する．固形物がみられる場合には，乳房炎の症状が疑われるので，しかるべき措置をとる．この最初の1〜2搾りは細菌の混入を防ぐため搾り捨てる．以上のような「前搾り」には，乳汁分泌を促す「搾乳刺激」を与えるという，重要な役割もある．なお，初産ヤギの場合は乳房に毛が生えており，搾乳時に毛で乳房を傷つけるのを防ぐため，カミソリなどで毛を剃ってから搾乳するとよい．

分娩後1週間程度は，濃厚な淡黄色の乳を泌乳する．これは初乳といい，子ヤギの胎便排泄と免疫獲得の効果があるので，生まれてすぐの子ヤギには必ず飲ませる必要がある．初乳に含まれる免疫成分を子ヤギが吸収できるのは，生後24〜36時間といわれているため，その間は十分に初乳を飲ませる必要がある．なお，ウシの場合，母ウシの初乳中免疫成分は分娩後約12時間で半減し，48時間前後まで急速に低下する一方，子ウシに生後2時間以内に初乳を飲ませると，血中免疫成分は5〜7日齢で最高になること（阿部ほか，1982；久馬，1982）から，子ヤギにとっても初乳の摂取は早ければ早いほどよいと考えられる．初乳期を過ぎれば，母ヤギから搾乳することができる．なお，死産または子ヤギが産後死し，余剰の初乳がある場合には搾って冷凍保存し，別の子ヤギで初乳が不足した場合に給与できるようにしておくことも必要である．

搾乳の方法としては，機械を用いるものと，手搾りによるものとがあり，多頭飼育経営では機械搾乳が便利であるが，1〜2頭飼いの場合は手搾りで十分である．

機械搾乳では，乳頭を入れる筒（ティートカップ）の内側がゴムになっており，ミルカーの空気圧調整により乳を吸い出す仕組みとなっている．この場合，

ティートカップを装着後，外れ落ちないよう注意してみておくことが重要である．また，乳がほとんど出なくなったら，ただちに吸引を止めてティートカップを離脱する．過搾乳は乳房炎の原因となるので避けなければならない．

手搾りの場合には，乳汁が逆流しないよう，乳頭の根元を親指と人差し指で抑え，乳頭にとどまった乳汁を中指，薬指，小指の順に下に向かって搾り出す．次に，乳頭の根元を緩めると乳房から乳頭内に乳汁が降りてくるので，再び乳頭の根元を抑えて搾り出す，という操作を繰り返す．搾乳は丁寧に，しかし，できるだけ短時間に行う．搾乳のスピードは，ウシの場合よりやや速い（1分間に100〜120回）程度が理想とされている．また，残乳は乳房炎の原因になるだけでなく，泌乳量減少の原因にもなるので，機械搾乳・手搾りにかかわらず，できるだけ少なくすることが望ましい．

搾乳回数は通常1日2回であり，等間隔（12時間ごと）に近い方が泌乳量は多くなる．一般に，泌乳量は3〜4産目にピークがあり，その後は産次ごとに低下していく．飼養管理，搾乳技術，個体，分娩時期などによって大きく異なる場合はあるが，品種による泌乳能力はおおむね表8.1に示したようである．

初産のヤギには搾乳を嫌がるものがある．これは日常の飼養管理時に十分ヤギに触れず，ヒトに慣れさせることを怠った場合，搾乳技術が未熟な場合，搾乳の時間が長過ぎる場合などに起こると考えられる．搾乳時に飼料を与えて気をそらすなど，搾乳によい条件づけをすることが重要である．また，まれに自分の乳を飲むものがある．これは搾乳の際に乳を舐めさせると，その味を覚えて始まることが多い．したがって，前搾りの乳はその場に捨てないようにする．

表 **8.1** 品種ごとの泌乳期間と泌乳量

品　種	泌乳期間 [日]	泌乳量 [kg]
日本ザーネン	150〜250	300〜500
アルパイン	365	300〜600
ヌビアン	365	600〜800
トッケンブルグ	240〜275	600〜700

萬田（2000）および中西（2005）から引用．

8.2.2 離　　乳

　離乳の方法は，哺乳の仕方により異なる．肉用種では，母ヤギと子ヤギを同居させ，自由に哺乳させる自然哺乳法が行われる．この方法では，特別の飼養管理は必要でない．子ヤギが発育するにつれて固形飼料の採食が増えるとともに，母ヤギの泌乳量は徐々に低下し，約3カ月齢で自然離乳する．

　乳用種では一般に，生後1カ月程度は子ヤギに全量を飲ませ，それ以降の乳を飲用などに利用する．この場合，生後1カ月以降の昼間は母子を分離し，搾乳を行い，夜間は再び母子を同居させ自由に哺乳させる．なお，母子を分離している間は子ヤギに十分な飼料を与えておく．子ヤギの発育とともに母子の同居時間を短くしていき，約3カ月齢で強制離乳する．

　乳を飲用などとして積極的に利用したいときは，人工哺乳法をとる．この方法では，初乳期をすぎた母ヤギから子ヤギを完全に分離し，搾乳した乳を哺乳瓶などで子ヤギに与える．子ヤギへの哺乳量は，体重の20％程度を1日分の目安とし，余った乳は飲用などに用いることができる．

　離乳の時期は，その後の生育ひいては生産性につながるため，注意が必要である．日本ザーネン種の場合，体重が雄で18 kg，雌で16 kg程度になっていれば離乳可能であるが，乾草や濃厚飼料をよく採食しているかをみて離乳させることが大切である．

8.2.3 乾　　乳

　乾乳とは，子ヤギを離乳した後，母ヤギの泌乳を停止させることである．肉用種では乳量が少ないため，離乳後自然に泌乳停止するが，乳用種では乾乳の必要がある．乾乳には，①泌乳期間中に消耗した体力，乳腺組織を回復させ，次の分娩および泌乳に備える，②乳房内で初乳をつくる準備をさせる，といった重要な役割がある．乾乳の時期としては，分娩予定日の50～60日前が適当とされている．

8.3 乳　成　分

　表8.2にヤギ乳，牛乳および人乳の標準的な成分組成を示す．ヤギ乳は水分約88％，固形分約12％であり，固形分としては乳100 g当たり蛋白質約3.1

表 8.2 ヤギ乳,牛乳と人乳の成分組成(乳 100 g 当たり)

食品名	エネルギー	水分	蛋白質	脂質	炭水化物	灰分	無機質				
							ナトリウム	カリウム	カルシウム	マグネシウム	リン
	kcal	(g)					(mg)				
ヤギ乳	63	88.0	3.1	3.6	4.5	0.8	35	220	120	12	90
牛乳	67	87.4	3.3	3.8	4.8	0.7	41	150	110	10	93
人乳	65	88.0	1.1	3.5	7.2	0.2	15	48	27	3	14

食品名	無機質			ビタミン							
	鉄	亜鉛	銅	A			D	E	K	B_1	B_2
				レチノール	カロテン	レチノール当量					
	(mg)			(μg)			mg	μg	(mg)		
ヤギ乳	0.1	0.3	Tr	36	0	36	0	0.1	2	0.04	0.14
牛乳	Tr	0.4	0.01	38	6	39	0.3	0.1	2	0.04	0.15
人乳	Tr	0.3	0.03	45	12	47	0.3	0.4	1	0.01	0.03

食品名	ビタミン						脂肪酸			コレステロール	食塩相当量
	ナイアシン	B_6	B_{12}	葉酸	パントテン酸	C	飽和	一価不飽和	多価不飽和		
	(mg)		(μg)		(mg)		(g)			mg	g
ヤギ乳	0.3	0.04	0	1	0.39	1	2.19	0.77	0.09	13	0.1
牛乳	0.1	0.03	0.3	5	0.55	1	2.33	0.87	0.12	12	0.1
人乳	0.2	Tr	Tr	Tr	0.50	5	1.25	1.30	0.60	15	0

Tr:微量.文部科学省,科学技術・学術審議会資源調査分科会(2010)より抜粋.

%,脂質約 3.6%,炭水化物約 4.5%,灰分約 0.8%が含有されている.ヤギ乳はヒトの母乳(すなわち,人乳)に近いといわれることがあるが,実際には,ヤギ乳の栄養成分組成は反芻動物であるウシの乳と類似している.「人乳に近い」と表現されるのは,ヤギ乳が消化のよい乳であることに帰結できよう.後段で詳述するように,蛋白質構成の特徴から,ヤギ乳は胃内での凝集性が低く,牛乳よりも消化酵素により分解されやすい.一般に,易消化性の蛋白質源は体内での吸収性や利用性が高く,かつ,アレルギーの原因になりにくい.

ヤギ乳の成分組成は，品種，飼育環境あるいは飼料などの影響を受けやすい．また，ヨーロッパ原産のヤギを熱帯地域で飼育すると，脂肪含量が低い乳を生産すること，矮性ヤギの乳は，他の品種と比較して，全固形分，脂肪および乳糖含量が高いことなどが報告されている．

8.3.1 蛋白質

食品栄養学的には，牛乳と同様，ヤギ乳はアミノ酸バランスに優れており，非常に優良な蛋白質源である（表 8.3）．一般に，ヤギ乳の蛋白質含量は牛乳とほぼ等しく，人乳と比較すると 2〜3 倍程度である．牛乳と同様に，ヤギ乳もカゼイン型乳汁であり，乳の全窒素中に占める割合はカゼインが約 71%，ホエイ（乳清）蛋白質が約 23% である．

ヤギ乳に含有される主要なカゼインは α_S-，β-および κ-カゼインである．全カゼインに占める κ-カゼインおよび α_{S2}-カゼインの割合はヤギとウシで類似しており，それぞれ 10〜24% と 5〜19% 含有されている．また，β-カゼインは，牛乳中に 34〜41% 程度含有されているのに対し，ヤギ乳では 42〜62% と

表 8.3 ヤギ乳，牛乳，人乳の標準的アミノ酸組成 [g/100 g 乳]

		ヤギ乳	牛乳	人乳
必須アミノ酸	トリプトファン	0.044	0.046	0.015
	スレオニン	0.163	0.149	0.044
	イソロイシン	0.207	0.199	0.053
	ロイシン	0.314	0.322	0.100
	リジン	0.290	0.261	0.068
	メチオニン	0.080	0.083	0.016
	システイン	0.046	0.030	0.025
	フェニルアラニン	0.155	0.159	0.044
	チロシン	0.179	0.159	0.041
	バリン	0.240	0.220	0.058
非必須アミノ酸	アルギニン	0.119	0.119	0.032
	ヒスチジン	0.089	0.089	0.027
	アラニン	0.118	0.113	0.037
	アスパラギン酸	0.210	0.250	0.089
	グルタミン酸	0.626	0.689	0.180
	グリシン	0.050	0.070	0.022
	プロリン	0.368	0.319	0.094
	セリン	0.181	0.179	0.042

ヤギ乳および牛乳は Posati and Orr（1976），人乳は文部科学省 科学技術・学術審議会資源調査分科会（2010）による．

多量に含有されている．一方，ヤギ乳のα_{S1}-カゼイン含量は，牛乳のそれより低く，個体による差が大きい（ヤギ；0～26％，ウシ；36～40％）．これについては，ヤギのα_{S1}-カゼイン遺伝子に，ヌル対立遺伝子（遺伝子産物を産生しない突然変異）も含め18種類の遺伝的変異体が確認されており，これらの遺伝型により乳中のα_{S1}-カゼイン含量に差異が生じるためと考えられている．ヤギ乳中のα_{S1}-カゼイン含量が増加すると，酸や酵素によるカゼイン凝集体（カード）の形成速度と硬さが増加するため，乳の消化性や加工性，加工品の物性などに大きな影響を及ぼす．特に，チーズの原料としては，凝集時間が短く，硬いカードを形成する乳が好ましいと考えられており，適量のα_{S1}-カゼインを含有する乳を産生する遺伝子型の特定に関する研究がアメリカを中心に進められている（Clark and Sherbon, 2000）．

カゼインから構成されるカゼインミセルは，ウシと比較して，ヤギでに比重が軽く，その直径が小さい（ヤギ乳20～270 nm（平均46 nm），牛乳20～600 nm（平均150 nm））．カゼインミセルの大きさを決定する要因としては，ミセルを構成する各種カゼインの組成比や，カゼインサブミセル間を架橋するリン酸カルシウム含量の多少などが関与すると推測されている．カゼインミセルの大きさも，消化性や加工品の食感形成に深く関係する．

一方，ヤギ乳の主要なホエイ蛋白質はβ-ラクトグロブリンとα-ラクトアルブミンであり，全ホエイ蛋白質の58％と20％をそれぞれの蛋白質が占める．その他，免疫グロブリン，ラクトフェリンなどの存在が確認されている．ヤギのβ-ラクトグロブリンは，ウシのβ-ラクトグロブリンとN末端側の6アミノ酸が異なっており，溶液中での荷電状態が若干異なる．しかし，分子サイズや立体構造には，ヤギとウシの間でほとんど差がないことが示されている．α-ラクトアルブミンについても，ヤギとウシでアミノ酸配列が12カ所異なるのみで，蛋白質の立体構造なども，ヤギとウシは酷似している．そのため，これらの蛋白質については，ヤギとウシの間で免疫学的な交差性が認められる．

α_{S1}-カゼインとβ-ラクトグロブリンは，牛乳アレルギー患者における代表的なアレルゲンである．上述したとおり，ヤギ乳はα_{S1}-カゼイン含量が少ないため，牛乳アレルギー患者向けの代用乳として期待されており，欧米諸国では実際に適用された例も報告されている．一方で，ヤギ乳を摂取した牛乳アンルギー患者が重篤なアレルギー症状を発症した，という報告例もあり，代用乳とし

ての有用性については，一貫した結論は得られていない．それゆえ，アレルギー患者のヤギ乳の摂取には十分な注意が払われるべきである．

8.3.2 脂　　質

ヤギ乳の脂質構成は牛乳とよく似ており，脂肪分の大半は中性脂質（トリグリセリド）である．ヤギ乳では，総脂質中の脂肪酸のうち，20～30％が炭素数4～12の短鎖および中鎖脂肪酸で，特に炭素数10のカプリン酸が著しく高いことが特徴である（表8.4）．このことはヤギ乳の独特な風味の発生に寄与していると考えられる．リノール酸に代表される多価不飽和脂肪酸については，人乳が比較的多量に含有しているのに対し，牛乳やヤギ乳中の含量は低い．一方，リノール酸の異性体であり，抗発がん作用などの生理活性を持つ共役リノール酸（CLA）含量は，牛乳よりもヤギ乳で高い（Park and Haenlein, 2010）．この原因には未解明な点も多いが，動物種による飼料のルーメン内滞留時間の違いが一因として考えられる．反芻動物ルーメン内の微生物によるリノール酸からのCLAへの異性化反応は遊離リノール酸と接触した直後から速やかに進行し，その後のCLAの飽和化反応には数時間～数十時間を要する（河原ほか，2007）．それゆえ，ルーメン内の滞留時間が短いと，ルーメン内で生成したCLA

表8.4　ヤギ乳，牛乳，人乳の標準的脂肪酸組成［g/100 g 総脂肪酸］

	ヤギ乳	牛乳	人乳
C4:0　酪酸	2.5	3.7	0
C6:0　カプロン酸	2.4	2.4	0
C8:0　カプリル酸	2.5	1.4	0.1
C10:0　カプリン酸	8.4	3.0	1.1
C12:0　ラウリン酸	3.9	3.3	4.8
C14:0　ミリスチン酸	11.4	10.9	5.2
C16:0　パルミチン酸	26.8	30.0	21.2
C18:0　ステアリン酸	10.1	12.0	5.4
C18:1　オレイン酸	23.3	23.0	40.9
C18:2 $n-6$　リノール酸	2.0	2.7	14.1
C18:3 $n-3$　α-リノレン酸	0.6	0.4	1.4
総飽和脂肪酸	71.8	70.3	38.1
総モノ不飽和脂肪酸	25.1	26.2	44.1
総多価不飽和脂肪酸	3.1	3.5	17.8

文部科学省　科学技術・学術審議会資源調査分科会（2010）より抜粋，算出．

が飽和化を受けずに下位消化管に移行し，動物体内に吸収される CLA 量が増加する．一般に，ヤギにおける飼料のルーメン滞留時間は，ウシのそれより短い（ヤギ：22〜52 時間，ウシ：28〜79 時間．Van Soest，1982）．このことを一部反映して，ヤギ乳の CLA 含量はウシより高くなると推測される．

乳中の脂肪は脂肪球の形で分散しており，その平均的な直径は牛乳中の脂肪球より若干小さいと報告されている（ヤギ乳，3.5 μm；牛乳，4.6 μm）．リン脂質含量は 30〜40 mg / 100 mL で，その 60% 前後は乳脂肪球の皮膜部分に存在する．

8.3.3　その他の成分

ヤギ乳の無機質含量は高く，特にカルシウムとカリウムの含量が高いことが特徴である．カルシウム含量は乳 100 g 当たり 120 mg であり，日本人の 1 日当たり所要量の 20% 程度を含有している．カルシウムの摂取不足が社会問題となっている日本人においては，カルシウム含量が高い乳類の摂取は健康維持のために重要である．また，高いミネラル含量，特に高いカリウム含量は，ヤギ乳の特徴的な塩味の発生にも寄与している．その反面，ミネラル含量や蛋白質含量が高いため，ヤギ乳の腎溶出負荷量（浸透圧）は人乳の約 2 倍となる．このため，腎臓機能が未発達な 3 歳程度までの乳幼児や腎不全患者がヤギ乳を摂取する場合には，適当な濃度に希釈するなどの配慮が必要である．

また，ヤギ乳はビタミン A，ナイアシン，ビタミン B_1 と B_2 およびパントテン酸のよい供給源である．一方，ビタミン C，D，B_6，B_{12}，葉酸などの含量は少ない．特に乳児栄養の観点からすると，ビタミン C と D の補給が必要である．ところで，牛乳は β-カロテンに由来する黄色を呈しているのに対し，ヤギ乳は鮮やかな乳白色を呈する．これは，ヤギ乳中のビタミン A が，その前駆体である β-カロテンとして含有されておらず，ビタミン A 本体であるレチノールとして乳汁中に存在しているためである．

8.4　乳　の　加　工

ヤギ乳は主に東南アジア，西アジア，中東，アフリカ，ヨーロッパにおいて飲用され，近年はアメリカにおいても生産量が増加している（Milani and

Wendorff, 2011).また,ヨーロッパ,中東および西アジア地域においては,ヤギ乳の加工も盛んに行われており,さまざまな乳加工品が製造されている.

8.4.1 液 状 乳

世界各国では,生乳を加熱殺菌した殺菌ヤギ乳のほか,ミネラルやビタミンなどを強化したものや,脂肪含量を低減した低脂肪乳および脱脂乳などが製造されている.容量は454gから3.6Lまで多様であり,プラスチック,紙,ガラスなどの容器に充填され,流通している.

8.4.2 練乳,粉乳

無糖練乳(エバミルク)や加糖練乳(コンデンスミルク)は,乳の熱変性を抑制するため,減圧下での低温蒸発法で製造される.粉乳には,全粉乳,脱脂粉乳,ホエイパウダー,乳幼児向けの調整粉乳などがある.これらの製品は凍結乾燥法,ドラム乾燥法あるいは噴霧乾燥法により製造される.しかし,ヤギ乳の生産量は牛乳ほど多くないため,全粉乳や脱脂粉乳の生産量は少ない.一方,ヤギ乳チーズ製造の副産物として生産されるホエイパウダーは,乳化力とゲル化性が高く,食品加工用の素材として活用されているほか,スポーツ選手向けの蛋白質サプリメントの原材料ともなっている.

8.4.3 チ ー ズ

チーズは太古の時代から生産されている乳製品の1つであり,ヤギ乳チーズの起源はメソポタミアまでさかのぼる.その時代につくられていたチーズは軟質チーズであったとされる.硬質チーズや熟成チーズは,その後,地中海周辺の地域で発達したと考えられている(Lowenstein *et al*., 1980).

ヤギ乳を原料とするナチュラルチーズはシェーブルと呼ばれ,遊離の単鎖脂肪酸に起因する特有の風味を有しており,上品な味わいのものから刺激の強いものまで,多くの種類がある.ヤギ乳にはβ-カゼインが多く,α_{S1}-カゼインが少ないため,水分含量が少ないチーズは組織が脆く,崩れやすい.そのため,ヤギ乳チーズには,水分含量の高いフレッシュタイプの製品が多く,また,硬質チーズは小型のものが多い.

世界中には,多種多様なヤギ乳チーズが存在する.それらの多様性をもたら

す要因は，チーズ製造における製造技術の地域性，すなわち，スターター微生物の種類と量，発酵条件，型詰や圧搾方法などの違いがあげられる．熟成期間や熟成条件も，チーズの風味，味または食感を決定する重要な要因である．多くのヤギ乳チーズでは，凝乳酵素キモシンや酸の作用でゆっくりと凝乳させた後，型枠中でホエイ分離とカード粒の結着を行う．また，熟成前にはチーズを乾燥する工程が入ることが多い．

　ヤギ乳ホエイを用いたホエイチーズも製造されている．ホエイチーズとは，ナチュラルチーズ製造時に発生したチーズホエイに乳やクリームを加え，酸性条件下で再加熱することにより製造されるチーズ様の乳製品である．イタリアのリコッタ（Ricotta）やフランスのブロッチョオ（Broccio）は，ヤギ乳やヤギ乳ホエイを利用して製造される代表的なホエイチーズである．

8.4.4　発　酵　乳

　発酵乳は生乳に乳酸菌，酵母などのスターターを添加，培養し，微生物の代謝産物である乳酸やアルコールなどを乳中に蓄積させることで製造されるゲル状あるいは液状の乳加工品である．近年，発酵乳中の微生物によるプロバイオティックス（生菌剤）効果などが注目され，健康食品の観点からも世界的に需要が伸びている．

　ヨーグルトはチーズに並び，ヤギ乳の代表的な加工品である．生乳に常在する微生物により発酵する素朴なものから，加熱殺菌したヤギ乳にスターターを添加して製造される工業的な製品やプロバイオティックスを添加した高付加価値製品まで，さまざまなヨーグルトが存在する．インドやネパールでヤギ乳などからつくられているダヒ（dahi）もヨーグルトの一種である．

　ケフィア（kefir）はヤギ，ヒツジ，ウシなどの乳からつくられる粘稠で強い酸味を持つ発酵乳で，炭酸ガスと微量のアルコールを含むことが特徴である．コレステロール代謝改善や免疫賦活など，健康増進にかかわるさまざまな機能性が注目され，東西ヨーロッパや南北アメリカ，アジア地域など，世界各国で自家生産のものが食されている．また，ケフィアの起源であるロシアや東ヨーロッパ，そして北アメリカでは工業的な生産も行われている．

8.4.5 バター，クリーム

クリームは牛乳の場合と同様に，機械的な震盪や遠心分離により，比重の差を利用して全乳から分離される．このクリーム中の脂肪分を凝集させ，脂肪含量を80～85％程度に高めたものがバターである．ヤイク（yayik）はトルコの伝統的なバターであり，ヤギやヒツジ，ウシなどの乳からつくられるが，ヤイクの官能評価ではヤギ乳からつくられたものが最も食味性が高かったとの報告がある．また，インドから中東で食されるギー（ghee）は，ヤギ，ウシ，バッファローなどの乳からつくられたバターを105～145℃で加熱し，蛋白質や水分を除去したバターオイルである．

8.4.6 その他の食品

メキシコ，ブラジル，アルゼンチン，チリなど南アメリカ諸国では，ヤギ乳がアイスクリームなどのデザートやミルクキャンディー，クッキーなど菓子類の原料としても利用されている．これらはバニラ，カラメル，チョコレートフレーバーなどで風味づけされたものが多い．

〔中川敏法・河原　聡・川村　修〕

参 考 文 献

阿部正夫・鮎田安司・真田　雅・津吉　炯・新井加三・荒井　徹（1982）：初乳哺乳技術の合理化に関する試験．栃木酪試研報，**108**：1-18.

Clark, S. and Sherbon, J.W. (2000)：Alpha$_{s1}$-casein, milk composition and coagulation properties of goat milk. *Small Rumin. Res.*, **38**：123-134.

Folley, S.J. (1949)：Biochemical aspects of mammary gland function. *Biol. Rev.*, **24**：316-354.

久馬　忠（1982）：肉用種子牛における免疫グロブリンの取得と産生．栄養生理研報，**26**：71-88.

河原　聡・目　和典・新美光弘・川村　修・六車三治男（2007）：*In vitro* でのルーメン微生物による共役リノール酸合成．宮崎大学農研報，**53**：101-106.

Lowenstein, M., Speck, S.J., Barnhart, H.M. (1980)：Research on goat milk products: a review. *J. Dairy Sci.*, **63**：1631-1648.

萬田正治（2000）：ヤギ：取り入れ方と飼い方—乳肉毛皮の利用と除草の効果（新特産シリーズ），農山漁村文化協会．

Milani, F.X. and Wendorff, W.L. (2011)：Goat and sheep milk products in the United States (USA). *Small Rumin. Res.*, **101**：134-139.

文部科学省 科学技術・学術審議会資源調査分科会（2010）：日本食品標準成分表2010.

http://www.mext.go.jp/b_menu/shingi/gijyutu/gijyutu3/houkoku/1298713.htm

中西良孝（2005）：めん羊・山羊技術ハンドブック（田中智夫・中西良孝監修），p.101-108，畜産技術協会．

Park, Y.W. and Haenlein, G.F.W.（2010）：Goat Science and Production（Solaiman, S.G., ed.）, p.275-292, Wiley-Blackwell.

Posati, L.P. and Orr, M.L.（1976）：Composition of foods: dairy and egg products raw-processed-prepared. Handbook 8-1. USDA Agricultural Research Service, Washington, DC.

Van Soest, P.J.（1982）：Nutritional Ecology of the Ruminant, O & R Books.

9. 肉生産

9.1 産肉生理

　肉は家畜体のうち,骨,内臓,皮膚や毛などの非可食部位を取り除いた部分を指し,多くの場合には筋肉組織(赤身)と脂肪組織からなる.肉を構成する成分としては,水分,蛋白質,脂肪,無機物などがあげられる.家畜の年齢,飼料の構成や成分組成などの要因で,肉中におけるこれらの成分含量は変動する.特に,水分と脂肪の含量は,上記の要因により変動しやすいと考えられている.

9.1.1 成長による肉の生産

　ヤギを含め,動物は飼料から摂取したエネルギーを動物体の維持と成長に利用する.維持に要するエネルギーとは,動物体をエネルギーにおいて平衡状態に保つ,言い換えれば,体組織からエネルギーが減少しない状態に保つために必要な最小限のエネルギーである.維持に必要なエネルギー量は体が小さい(体重が軽い)動物ほど少ない.そのため,肥育による家畜の体重増加は維持に必要なエネルギーを増加させる.

　一方,成長は動物体を構成する細胞が増殖し,その作用や機能が分化していく現象である.動物の成長により筋肉,骨格および器官を構成する組織が増殖し,動物体には蛋白質,無機物および水分が蓄積する.

　成長により動物の体は大きくなり,体重が増加する.家畜の成長過程は,飼料から肉が生産される直接的な過程と見なすことができる.そのため,飼料ができるだけ多量の肉に変換されることが望ましい.しかし,家畜は無制限に成長することはできず,限界に達すれば成長現象は停止し,その後,成熟するこ

とになる．それゆえ，肉用牛や肉豚などでは，家畜の成長による肉生産の過程を育成と肥育に区別している．育成期には動物体の成長に伴う筋肉組織の生成と肥大が起こり，肥育期には脂肪組織の生成と増大が主として起こる．ヤギの場合，脂肪組織への脂肪蓄積は筋肉内脂肪や皮下脂肪よりも，内臓脂肪において優勢に起こる．そのため，ヤギ肉には脂肪が少なく，赤身肉の割合が多い．

9.1.2 筋肉組織の成長と肥大

胎児期において，筋肉組織では中胚葉に由来する幹細胞から生じた筋芽細胞の分化・増殖と融合により多核の筋管が形成され，筋管が成熟して筋線維となる．しかし，出生後は筋線維の新生はあまり起こらず，主に筋線維が太く肥大することにより筋肉重量が増加する．筋線維の肥大には，筋衛星細胞が深く関与している．筋衛星細胞は胎児期における筋肉の発生時に融合しなかった筋芽細胞である．筋衛星細胞は単核の細胞であり，筋線維を包む筋鞘とその外周を取り囲む基底膜の間に存在する（図9.1）．筋肉組織がなんらかの損傷を受けると，損傷部位において合成される一酸化窒素（nitric oxide：NO）とNOにより誘導される肝細胞増殖因子（hepatocyte growth factor：HGF）の作用により筋衛星細胞が活性化し，細胞分裂を開始する．増殖した筋衛星細胞は筋線維

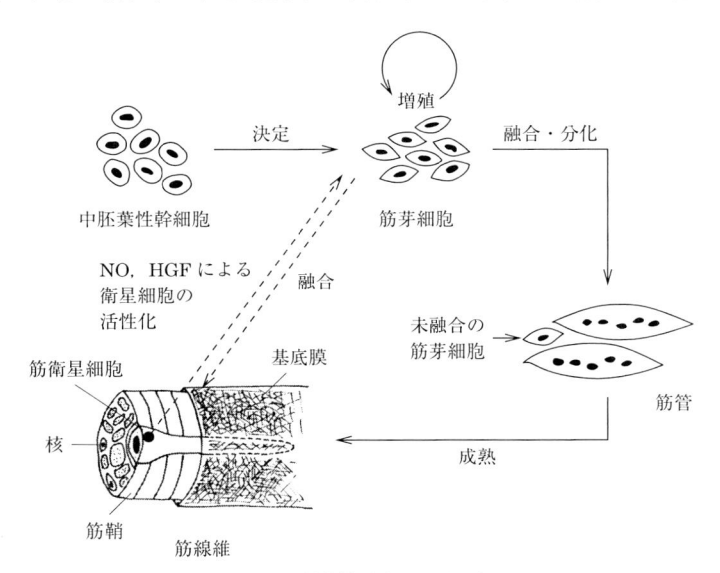

図 **9.1** 骨格筋形成および再生

と融合して筋線維に核（DNA）を供給し，筋肉蛋白質の合成が促進される（Tatsumi et al., 2006）．これにより，筋線維の再生や筋線維の増大が起こると考えられている．NO や HGF 以外にも，成長ホルモン，インスリン，インスリン様成長因子-I（insulin-like growth factor-I：IGF-I），IGF-II，ステロイドホルモン，免疫細胞から分泌されるサイトカイン類など，多くの物質が成長因子として筋肉組織の成長に関与する．

筋肉組織が成長する際には，筋肉組織内で蛋白質の合成が盛んに行われる．それゆえ，筋肉組織の成長にはアミノ酸源として多量の蛋白質を摂取する必要があり，さらに，摂取アミノ酸の同化のために動物の維持に要するエネルギー量をこえるエネルギーを補給する必要がある．育成初期にはより高い水準，具体的には 16% 以上の粗蛋白質給与により 1 日当たり体重増加量（average daily gain：ADG）が増加する．しかし，成長が進み，成熟に向かうにつれて，筋肉組織における蛋白質合成量は減少し，摂取エネルギーの脂肪への変換が進むため，成熟期に入ったヤギでは，粗蛋白質の給与量は ADG にほとんど影響を及ぼさなくなる．また，動物体内において，筋肉組織はアミノ酸プール（貯蔵庫）としての役割を果たしており，栄養状態が悪化すれば，体内の機能維持に必要なアミノ酸を供給するために，筋肉組織中の蛋白質の分解が促進される．

筋肉組織の成長は，家畜の性や遺伝的な能力によっても異なる．ヤギを含む家畜は一般に，雌や去勢と比較して雄の骨格がより発達し，筋肉組織量が多くなる．雄において筋肉の成長が著しくなるのは，男性ホルモンの作用によるところが大きい．また，ヤギの場合，特に肩部や頸部の筋肉組織量において，性差が大きいと報告されている．また，カナダとオーストラリアの研究グループは，ザーネン種，ボア種，アンゴラ種，フェラル種（オセアニア地域の在来種）の雑種を作出し，それらの成長や Capretto（体重 10〜15 kg の子ヤギ肉）あるいは Chevon（体重 30〜35 kg）の肉質を比較した（Dhanda et al., 2003）．その結果，比較的大型の乳用種であるザーネン種との交雑種の ADG は大きく，屠体長が長かったが，内蔵に脂肪を蓄積しやすく，枝肉歩留が小さくなる傾向にあった．一方，肉用種であるボア種との交雑種の ADG は，ザーネン種雑種と比較して若干劣るものの，枝肉歩留がよく，ロース芯面積が大きく，産肉性に優れ，肉の食味性も他の交雑種より優れていた．

9.1.3 筋肉組織における脂肪蓄積と脂肪酸組成

反芻動物の場合，脂肪組織の成長と脂肪蓄積は腎臓脂肪や大網膜脂肪のような内臓脂肪から始まり，その後，皮下脂肪や筋間脂肪，次いで筋肉内脂肪に至ることが知られている．ヤギの場合，ウシやヒツジと比較して内臓脂肪組織の成長が著しく，皮下脂肪や筋肉内脂肪の蓄積量は少ない．反芻動物の体内に蓄積する脂質の起源は，体内で合成された脂質と飼料に由来する脂質である．

ヤギを始めとする反芻動物では，第一胃（ルーメン）において微生物の発酵により生成し，ルーメン壁から吸収された揮発性脂肪酸，特に酢酸を主な前駆物質として，脂肪組織において脂肪酸を合成し，中性脂質として蓄積する．肝臓や乳腺においても脂肪酸が合成されるが，これらの組織で合成される脂肪酸量は個体における全脂肪酸合成量の 10% 程度と考えられている．

一方，飼料から摂取した脂質は，ルーメンにおいて，ルーメン内微生物による代謝を受ける．特に，リノール酸や α-リノレン酸などの多価不飽和脂肪酸（polyunsaturated fatty acids：PUFA）の一部は水素添加を受け，飽和脂肪酸（saturated fatty acids：SFA）に変換される．そのため，反芻動物の組織の脂肪酸組成は，ルーメン微生物による脂肪酸変換を受けない単胃動物と比べ，飼料の影響を受けにくい．また，ルーメン内微生物による水素添加反応の過程で，中間生成物として cis-9, $trans$-11 共役リノール酸や $trans$-11 バクセン酸が生成する．ルーメン内微生物による代謝を受けた後，胃を通過した飼料脂質は，小腸において吸収され，小腸や肝臓において中性脂質やリン脂質に再合成された後，体内の各組織に分配される．

一般に，貯蔵脂質として脂肪組織などに蓄積する中性脂質の脂肪酸組成については SFA やモノ不飽和脂肪酸（monounsaturated fatty acids：MUFA）が高いのに対し，細胞膜の主な構成要素であるリン脂質の場合には PUFA の割合が高くなる．ヤギでは，主に中性脂肪で構成される筋肉内脂肪の蓄積量が少ない．そのため，ヤギの筋肉組織の脂肪酸組成は，生体組織に普遍的に存在するリン脂質の脂肪酸組成の影響を強く受けることになる．

9.2 肉 成 分

9.2.1 蛋 白 質

　各種食肉の一般成分組成を表 9.1 に，各種食品のアミノ酸組成を表 9.2 に示す．ヤギ肉は，食肉の中でも比較的蛋白質を豊富に含む食品である．ヤギ肉を含む食肉類における蛋白質の消化・吸収率は，植物性蛋白質のそれと比較して

表 9.1　各種食肉類の一般成分組成（可食部 100 g 当たり）

食品名	エネルギー kcal	水分 g	蛋白質 g	脂質 g	炭水化物 g	灰分 g
牛肉（和牛肉サーロイン脂身付）	498	40.0	11.7	47.5	0.3	0.5
牛肉（和牛肉もも赤肉）	191	67.0	20.7	10.7	0.6	1.0
ブタ肉（大型種肉ロース脂身付）	263	60.4	19.3	19.2	0.2	0.9
鶏肉（若鶏肉もも皮付）	200	69.0	16.2	14.0	0.0	0.8
ヤギ肉（赤肉）	107	75.4	21.9	1.5	0.2	1.0

香川（2013）より抜粋．

表 9.2　各種食品のアミノ酸組成（mg/可食部 100 g 当たり）

食品名		和牛肉サーロイン	ヤギ肉	キハダマグロ	精白米	食パン	コーンフレーク
必須アミノ酸	トリプトファン	71	71	69	81	64	33
	イソロイシン	300	290	280	230	210	230
	ロイシン	540	510	470	480	410	920
	リジン	590	580	540	210	120	54
	メチオニン	180	180	180	140	86	120
	ヒスチジン	260	260	540	160	140	180
	フェニルアラニン	260	250	230	310	300	330
	バリン	310	310	310	340	250	290
非必須アミノ酸	アルギニン	400	390	340	480	200	110
	システイン	75	76	61	130	130	120
	チロシン	210	220	210	230	190	230
	スレオニン	300	290	280	210	160	190
	アラニン	380	360	350	330	170	490
	アスパラギン酸	610	590	580	550	240	350
	グルタミン酸	990	970	850	1,000	2,000	1,400
	グリシン	270	290	280	280	210	180
	プロリン	250	250	210	280	700	730
	セリン	260	240	230	300	280	270

香川（2013）より抜粋．

高いことが知られている．また，ヤギ肉には，米や小麦などの植物性食品の制限アミノ酸であるリシンやメチオニンが多く，アミノ酸バランスに優れている．これらのことから，ヤギ肉は，他の食肉や鶏肉と同様に，良質な動物蛋白質源である．

肉の赤味は，筋肉内で酸素や二酸化炭素の運搬にかかわる色素蛋白質であるミオグロビンの色に起因する．ミオグロビンはグロビン蛋白質とポルフィリン化合物の1つであるヘム（heme）からなり，ヘム1分子につき鉄原子が1つ配位している．ヤギ肉はミオグロビンを多量に含有し，その含量は馬肉に匹敵する（ブタ 0.06％，ヒツジ 0.25％，ウシ 0.5％，ウマ 0.8％，ヤギ 0.8〜1.0％）．そのため，ヤギの筋肉組織は特徴的な強い赤色を呈する．同じ動物種にあっては，加齢した動物のほうが筋肉中のミオグロビン含量は高くなり，肉の赤味も強くなる．

また，ヤギ肉は強い抗酸化作用を有することで注目されているアンセリンを多量に含んでいる（ヤギ 202 mg/100 g，ウシ 55 mg/100 g，ブタ 16 mg/100 g）（Carnegie *et al*., 1983)．アンセリンはアミノ酸であるヒスチジンとアラニンが結合したカルノシンの一部が修飾を受けたものであり，生体内での活性化である（図 9.2)．アンセリンは，ヒト体内においてカルシウム輸送を担当しており，また，筋肉において呼吸を活性化する作用を持つことから，筋肉の運動に重要であると考えられ，抗疲労効果を示すことも知られている．

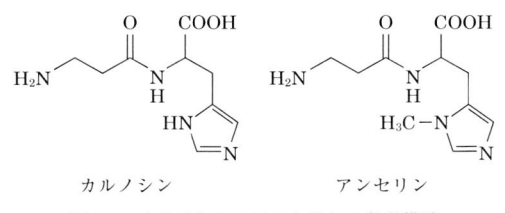

図 **9.2** カルノシン，アンセリンの化学構造

9.2.2 脂　　質

ヤギ肉の皮下脂肪，筋間脂肪および筋肉内脂肪含量はいずれも牛肉のそれらより低値を示す．そのため，ヤギ肉の脂質含量は低く，低カロリー食品であると特徴づけることができる．肉 100 g 摂取時のエネルギーを比較すると，和牛

表 9.3 各種食肉類の脂肪酸組成 (g/100 g 総脂肪酸)

食品名	飽和脂肪酸 (SFA)					一価不飽和脂肪酸 (MUFA)				多価不飽和脂肪酸 (PUFA)				総飽和脂肪酸	総一価不飽和脂肪酸	総多価不飽和脂肪酸
	12:0 ラウリン酸	14:0 ミリスチン酸	16:0 パルミチン酸	18:0 ステアリン酸	20:0 アラキジン酸	14:1 ミリストレイン酸	16:1 パルミトレイン酸	18:1 オレイン酸	20:1 イコセン酸	18:2 リノール酸	18:3 α-リノレン酸	20:4 アラキドン酸			
牛肉（和牛肉サーロイン脂身付）	0.1	3.0	24.7	9.4	0.1	1.5	5.7	50.4	0.5	2.4	0.1	Tr	38.4	58.9	2.7
牛肉（和牛肉もも赤肉）	0.1	2.6	25.0	9.2	Tr	1.2	4.6	50.3	0.4	3.6	0.1	0.3	38.2	57.5	4.3
ブタ肉（大型種肉ロース脂身付）	0.1	1.6	25.6	16.2	0.2	Tr	1.9	40.3	0.8	10.8	0.5	0.3	44.2	43.3	12.5
鶏肉（若鶏肉もも皮付）	Tr	0.9	25.9	6.7	0.1	0.2	6.5	44.6	0.5	12.5	0.6	0.6	33.8	51.9	14.3
ヤギ肉（赤肉）	0.2	2.3	18.7	18.0	0.3	1.0	1.6	34.7	0.2	10.2	1.9	3.8	41.5	38.3	20.2

香川 (2013) より抜粋, 算出. Tr：微量.

肉は約 500 kcal/100 g, ブタ肉は約 260 kcal/100 g, 鶏肉は約 200 kcal/100 g であるのに対し, ヤギ肉は約 110 kcal/100 g である.

ヤギ肉脂肪の脂肪酸組成については, 他の畜肉や鶏肉と比較して PUFA 含量が多いことが特徴である (表 9.3). ヤギ肉は反芻動物に由来する食肉であるにもかかわらず, リノール酸を非反芻動物由来の肉脂肪と同レベルで含有している. 栄養学の観点から食品の脂質を評価する場合, SFA と PUFA の比率 (P/S 比) は重要な要素であり, その比率が 1 に近いことが望ましいと考えられている. 各種食肉の P/S 比を比較すると, 牛肉では 0.07〜0.11, ブタ肉では 0.28, 鶏肉では 0.42 であるのに対し, ヤギ肉では 0.49 である. このことから, 食肉類の中では, ヤギ肉は脂質栄養の点で優れた食肉であると言うことができる.

9.2.3 無機質 (ミネラル)

ヤギ肉の高いミオグロビン含量を反映して, 鉄 (Fe) の含量も高い (表 9.4). 鉄分は血色素ヘモグロビンの補欠因子として必要な無機質であり, 鉄不足は貧血の原因となる. 動物性の食品由来の鉄分は, 植物性の食品に由来するものより吸収率が高いことから, 質・量ともに良好な鉄供給源となる.

亜鉛 (Zn) もヒトの必須微量元素であり, 成長や新陳代謝, 味覚・嗅覚, ホルモン分泌, さらにはインスリン合成等にかかわる. 牛肉に比較的多く含まれているが, ヤギ肉についても, 牛肉と同等あるいはそれを上回る亜鉛が含まれている.

表 9.4 各種食肉類の微量成分組成 (可食部 100 g 当たり)

食品名	無機質 [mg]							
	Na	K	Ca	Mg	P	Fe	Zn	Cu	Mn
牛肉 (和牛肉サーロイン脂身付)	32	180	3	12	100	0.9	2.8	0.08	0.00
牛肉 (和牛肉もも赤肉)	47	340	4	24	180	2.7	4.4	0.08	0.01
ブタ肉 (大型種肉ロース脂身付)	42	310	4	22	180	0.3	1.6	0.05	0.01
鶏肉 (若鶏肉もも皮付)	59	270	5	19	160	0.4	1.6	0.04	0.02
ヤギ肉 (赤肉)	45	310	7	25	170	3.8	4.7	0.11	0.02

香川 (2013) より抜粋.

9.2.4 ビタミン類

ヤギ肉ではビタミン類の中でもナイアシン類の 1 つであるニコチンアミドを

表 9.5 ヤギ肉に含まれるビタミン類の成分組成

食品名	A (レチノール当量) μg	D μg	E mg	K μg	B_1 mg	ナイアシン mg
牛肉（和牛肉サーロイン脂身付）	3	0.0	0.7	10	0.05	3.6
牛肉（和牛肉もも赤肉）	0	0.0	0.2	4	0.02	6.1
ブタ肉（大型種肉ロース脂身付）	6	6.0	0.4	3	0.69	7.3
鶏肉（若鶏肉もも皮付）	39	0.1	0.3	53	0.07	5.0
ヤギ肉（赤肉）	3	0.0	1.0	2	0.07	6.7

香川（2013）より抜粋．

多く含む（表 9.5）．ナイアシンは糖質・脂質の代謝に関与する酵素の補酵素であり，成長促進並びに血行改善・血管拡張等にかかわる．「日本人の食事摂取基準」（厚生労働省，2010）では，ナイアシン摂取に関する成人男子の推奨量は 13～15 mg/日，成人女子では 10～12 mg/日とされており，ヤギ肉 100 g からその約 50% を摂取できる．

9.3 肉の利用・加工

日本国内では，沖縄県，奄美地方および南西諸島地域においてヤギ肉が伝統的に食されてきたが，その他の地域ではあまり多くは食されていない．沖縄県や奄美地方では，ヤギ肉を刺身として生食したり，「ヤギ（ヒージャー）汁」のように煮込み調理を施す．これらは新築祝や収穫祭などの宴席に供され，滋養があり，強壮作用のある食材として重用されてきた．特に成熟したヤギの肉は，加熱すると特有の強い風味が現れるため，煮込み料理などの際にはレモングラスなどのハーブとともに調理される．

FAO の統計（The Statistic division of the FAO, 2010）では，世界では 8 億頭余のヤギが飼育され，1 年間に 450 万トンのヤギ肉が食用として生産されている．2007 年度におけるヤギ肉 1 kg 当たりの取引価格はシリアや韓国では 15 ドル以上，西インド諸島，パレスチナ，アルバニア，トルコでは 7 ドル，イタリア，フランス，ギリシャ，クロアチア，サウジアラビアでは 5 ドル程度と報告されている（The Statistic division of the FAO, 2010）．地中海諸国，ラテンアメリカ，西インドでは 8～12 週齢（体重 6～8 kg）の "Cabrito meat"

が主に消費され，アフリカ，中東，東南アジア地域では 12～24 カ月齢（体重：雄 13～25 kg，雌 11～20 kg）の若齢ヤギが，そしてアフリカとインドでは 2～6 歳齢（体重 20～30 kg）の成熟ヤギが消費されている（Madruga and Bressan, 2011）．

ギリシャ，イタリア，フランス，スペイン，ポルトガルなど地中海諸国では，クリスマスや復活祭などの祭事で食するため，子ヤギ肉の需要が高い．また，アルゼンチンやウルグアイなど南米諸国ではアサード（Asado）と呼ばれるグリル料理で，牛肉，羊肉，ヤギ肉などの赤身肉を食する習慣がある．また，インドネシアの代表的庶民料理であるサテ（Sate）は，ヤギ肉を串焼きにしたものである．

ヤギ肉を原料とした代表的な塩漬ハムにはイタリアの"bresaola"，スペインの"cecinas"，ブラジルの"charqui"や"manta"などがある．これらの製品は，豚肉を原料とした多くの生ハムと同様に，ヤギのモモ肉に食塩を主成分とする塩漬剤を塗付して塩漬し，発酵と乾燥，その後の熟成期間を経て製造される．アメリカやブラジルなどでは，くん煙ソーセージや発酵ソーセージ，ハンバーグのような練り製品も製造販売されている．ヤギ肉の筋原線維蛋白質は，羊肉やブタ肉よりも高い乳化力を持つため，ソーセージなど練り製品の加工に適している．

一方，多くの研究から，肉の硬さとフレーバーの理由から，ヤギ肉やヤギ肉製品の消費者受諾性は，牛肉などのそれより劣ることが示されている．しかし，実際には，子ヤギや若齢ヤギの肉は十分に軟らかく，硬さが問題になるのは成熟ヤギの肉についてのみである．成熟ヤギ肉の硬さは，死後硬直終了後の熟成条件（温度や時間）の最適化，と殺後筋肉の電気刺激，整形肉の物理的剪断による軟化処理などで大幅に改善できる．

ヤギ肉のフレーバー（goaty odor, ヤギ臭）は，分岐鎖脂肪酸である 4-メチルオクタン酸に起因すると考えられている．ヤギ臭は成熟したヤギの肉で強く，若齢ヤギでは弱い．特に成熟した雄ヤギの肉において顕著である．ヤギ臭に関与する物質は芳香腺（scent gland）に多く存在するため，ヤギのと殺および剝皮の際に，適切に芳香腺を除去することにより，肉への臭いの移行を最小限に止めることができる．練り製品の場合，25～50％程度の豚肉や 25％程度の豚脂（ラード），あるいは 3～4％の大豆蛋白質を配合すると，ヤギ肉ソーセージ

の受諾性が向上し,ブタ肉のみで調製したものと遜色ない製品が製造できると報告されている(McMillin and Brock, 2005).

韓国や中国など東アジアの一部の国においては,ヤギ肉が漢方薬の原材料としても利用されている.これらの地域では,ヤギ肉から抽出し濃縮したエキス成分は婦人病によいとされ,貧血改善や産後の栄養補給を目的として消費されている.ヤギ肉が漢方薬として効果を発揮する理由としては,低脂肪・高蛋白質であり,アミノ酸バランスもよく,鉄や亜鉛などのミネラルを豊富に含むためであると考えられる. 〔竹之山愼一・河原 聡〕

参 考 文 献

Carnegie, P.R, Ilic, M.Z., Etheridge, M.O., Collins, M.G. (1983): Improved high-performance liquid chromatographic method for analysis of histidine dipeptides anserine, carnosine and balenine present in flesh meat. *J. Chromatogr.*, **261**: 153-157.

Dhanda, J.S., Taylor, D.G., Murray, P.J. (2003): Growth carcass weight and meat quality parameters of male goats: effects of genotype and liveweight at slaughter. *Small Rumin. Res.*, **50**: 57-66.

香川芳子 (2013):食品成分表 2013.女子栄養大学出版部.

厚生労働省 (2010):日本人の食事摂取基準 (2010 年度版),http://www.mhlw.go.jp/shingi/2009/05/s0529-4.html

Madruga M.S. and Bressan, M. C. (2011): Hoat meats: description, rational use, certification, processing and technlogical development. *Small Rumin. Res.*, **98**: 39-45.

McMillin, K.W. and Brock, A.P. (2005): Production practices and processing for value-added goat meat. *J. Anim. Sci.*, **83**: E57-E68.

Tatsumi, R., Liu, X., Pulido, A., Morales, M., Sakata, T., Dial, S., Hattori, A., Ikeuchi, Y., Allen, R.E. (2006): Satellite cell activation in stretched skeletal muscle and the role of nitric oxide and hepatocyte growth factor. *Am. J. Physiol. — Cell physiol.*, **290**: C1487-C1494.

The Statistic Division of the FAO (2010): FAOSTAT. http://faostat.fao.org

10. 毛・革生産

10.1 毛 の 利 用

　ヤギ毛には，カシミヤヤギから生産されるカシミヤとアンゴラヤギから生産されるモヘアがよく知られている．羊毛を除けば，これらは世界生産量の50％程度を占める，主要な獣毛であるといえる（表10.1）．一方，乳用および肉用種の毛はほとんど粗毛で，繊維としての価値は低く，低級な織物にのみ使用される．日本では，天然繊維の原料となる獣毛生産はほとんど行われておらず，大半を中国，南アメリカ諸国などからの輸入に依存している．

　カシミヤはカシミヤ種ヤギ毛のうち，長毛（粗毛）の下に密生する下毛（綿毛）を指し，白，灰または薄茶の毛色を有する．化学的性質は羊毛に似ているが，繊維が細いため，羊毛より化学薬品に対する感受性が高い．カシミヤは軽量で保温性に富み，繊維が柔らかいので，高級ショールや毛織物に利用され，

表 10.1　世界の各種獣毛の年度別生産量（脂付き重量，トン）

		1990	1995	2000	2005	2008	2009
ヤギ	カシミヤ	9,884	13,430	17,160	21,238	22,684	22,464
	モヘア	21,800	12,400	6,900	6,200	5,300	5,200
ラクダ	キャメルヘアー	2,967	2,564	2,627	2,036	1,984	2,000
	アルパカ	4,159	4,067	4,077	4,062	4,206	4,500
	リャマ	3,000	3,000	3,000	3,100	3,343	3,400
	グアナコ	—	—	—	—	2	3
	ビキューナ	2	2	2	2	6	6
ウシ	ヤクヘア	4,100	3,980	4,215	4,300	4,000	4,000
ウサギ	アンゴラ	20,764	16,034	10,119	10,315	10,250	10,250
合　計		66,676	55,477	48,100	51,253	51,775	51,823

日本アパレル工業技術研究会（2010）より引用．

これらをカシミヤ織と称している．日本では，メリノー羊毛のみの織物や羊毛とカシミヤとの混紡織物などもカシミヤと呼ばれることがあるため，純粋のカシミヤ製品は「カシミヤ100％」と称し，区別している．しかし，近年，「カシミヤ100％」と表示された製品の中に，カシミヤ以外の毛を混紡した製品が多数見いだされたため，偽装表示問題となった．主産地は中国北西部であり，夏の換毛期（約2週間）に自然に脱落する毛をかき集める．1頭当たりの産毛量は少なく，年間当たり230g以下である．

モヘアは純白繊維で，動物繊維の中で最も光沢があり，羊毛より平滑な外観を持つ．化学的な性質は羊毛に類似しているが，カシミヤと同様，薬品に敏感である．剪毛したヤギの年齢により繊維の太さが異なるため，ウィンターキッド（0歳），ヤングコート（1歳），アダルト（2歳以上）に分類して流通されている．一般にモヘアは光沢，弾力に富み，繊維の強度が高く，耐久性があるものの，保温性が乏しいため，敷物などの室内装飾用パイル織物によく利用されるほか，婦人用オーバーコートなどにも利用される．また，綿や合繊糸と混紡され夏服の生地に利用されたり，絹と混紡されビロードやフェルト帽などにも利用される．主産地はトルコ，南アフリカおよびアメリカで，長い均一な毛房として1年に20～30cm伸び，年2回剪毛される．

スイスやイタリアなどアルプス地方の高山地域に生息するアイベックスヤギからも原毛生産が行われている．アイベックス種は家畜化されておらず，野生動物から自然に脱落した毛を採取することで原毛を調達し，製品化している．毛質はカシミヤよりも柔らかく，しなやかな獣毛として知られているが，希少性が高く，産業規模がきわめて小さいため，アイベックスの毛生産量を含めた統計情報などはほとんどない（中小企業基盤整備機構，2010）．

原毛から梳毛（そもう）糸や紡毛糸などの紡績糸までにするには，少なくとも12の加工工程が必要である．前半6工程では，開俵してフリースウールを選別し，付着する汚物や毛脂を洗浄して精錬する．次に，残留する夾雑物を除いて毛を解きほぐし，方向をそろえ，櫛で削ってから，篠状に束ねて（これをトップと呼ぶ）倉庫に保管する．トップの繊維を平行にそろえ，梳毛機にかけて得た梳毛を合撚すると梳毛糸，繊維の方向をそろえずに紡毛機にかけて得た紡糸を紡績すると紡毛糸が得られる．糸は染色され，染色糸を織ることで生地がつくられ，染色糸を編むことでニットがつくられる．また，加温・加湿条件

下で加圧しながら，毛を揉むことで形成される毛の塊を板状に整形したものがフェルトである．

10.2 皮 の 利 用

　獣皮は主に食肉生産の副産物として産出される．獣皮は，皮革等原料，ゼラチン，ケーシング，飼料，肥料などの製造に利用される．ヤギ原皮の場合は，皮革および肥料製造に使用されることが多い．

　動物の皮を組織学的にみると，表皮層と真皮層からなる．表皮層は真皮層と比べ非常に薄く，ケラチン質で構成されている．一方，なめされて革となるのは厚い真皮層であり，主にコラーゲン繊維で構成されている．真皮層はさらに，乳頭層と網様層に区別される．乳頭層の上面は銀面と呼ばれ，革の表面となるため，外観や品質を決定する重要な部分である．また，網様層は革の物理的強度と深く関係する．ヤギ革は羊革よりしなやかで，耐久性が高く，銀面の模様が美しい．また，ウシ革やウマ革よりも薄くても十分な強度を保つことができる強靱さを持っている．

　日本国内においては，ヤギ革の生産量は減少傾向にあり，ヤギ皮革の調達は主に中国，ヨーロッパなどからの輸入に依存している（表 10.2）．ヤギを原料とする皮革には，子ヤギに由来するキッドと成獣に由来するゴートがある．キッドスキンは，生産量が少ないため，高級革素材に位置づけられており，ゴートスキンよりもさらに，きめが細かく，柔らかい素材であり，形崩れしにくいので，紳士靴や婦人用の高級革手袋やハンドバッグなどに加工される．一方，

表 10.2　ヤギ皮革の国内生産量［枚］および貿易量［kg］

		2002	2004	2006	2008	2009	2010
国内生産量[1]		1,060,213	1,009,013	962,978	875,722	585,101	561,685
輸出量[2]	原皮	0	10	70	0	0	0
	なめし皮	1,059	2,072	3,375	670	504	3,858
	ヤギ革	8,989	19,177	12,822	16,639	13,028	18,815
輸入量[2]	ヤギ原皮	27,242	27,154	25,675	18,505	9,054	1,596
	ヤギ革着色	168,478	284,934	130,765	102,477	87,947	94,154
	その他ヤギ革	312,405	329,262	291,460	182,776	130,065	152,431

1) ヤギ革および緬羊革の合算値．経済産業省（2012），工業統計調査．
2) 財務省貿易統計．

ゴートスキンは薄く，しなやかで，かつ強靭であるため，ジャケット（いわゆる"革ジャン"）や手袋の素材として活用される．また，西アフリカ（ギニア，マリ，コートジボワール周辺の地域）の伝統的な打楽器であるジャンベやブラジルのクイーカ，スルドなどの太鼓，タンバリンの一種であるバンデイロやタンボリンなど，さまざまな楽器のヘッド（打面）材としてヤギ皮が用いられている．

屠体より剝いだ皮は，通常，保存性を高めるため塩漬けされる．塩漬けされた皮を原皮と呼ぶ．皮革製造に当たっては，原皮の塩抜き，なめしなどの工程により加工される（図10.1）．

なめしは皮革製造に特徴的な工程である．なめしの反応機構は複雑であるが，基本的にはコラーゲンを構成するアミノ酸の極性基になめし剤が結合することで，コラーゲン分子間に化学的架橋が形成され，その分子構造が安定化し，物理的強度が増すとともに，適度な疎水性が付与されると考えられている．なめし剤には従来3価クロムが汎用されてきたが，環境問題などへの対応から，伝統的な植物タンニンの適用が見直されている．また，なめしにより硬度を増した革を柔軟にするため，獣脂やヒマシ油などをなめし革に刷り込む加脂が行われる．これらの工程は，革の柔軟性や耐熱性，耐水性，色合いや風合いを決定する重要な工程である．

皮革は表裏両面を使用することができるが，体表面側を銀面，筋肉面側を床面と呼んでいる．銀面を染色し，そのまま利用したものが最も一般的であり，"銀つき革"と総称している．また，銀面をサンドペーパーなどで研磨し，ベルベット状に仕上げたものがスエード革である．一方，使用目的に応じて銀面をすき取って仕上げた皮革を"床面使い"という．現在では，床面使いの皮革を総称してバックスキンと呼ぶことが多いが，本来は鹿革の裏面をサンドペーパーなどで研磨し，ビロード状に仕上げた皮革の呼称である．

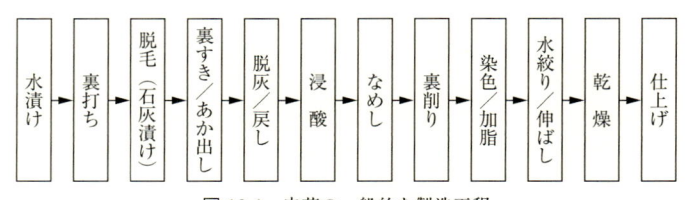

水漬け → 裏打ち → 脱毛（石灰漬け）→ 裏すき／あか出し → 脱灰／戻し → 浸酸 → なめし → 裏削り → 染色／加脂 → 水絞り／伸ばし → 乾燥 → 仕上げ

図10.1 皮革の一般的な製造工程

防寒素材の毛皮も，皮の主要な用途の 1 つである．毛皮の原料にはヤギ，ヒツジ，ウサギなどの食用家畜のほか，ミンク，フェレット，キツネなどの野獣や，海獣の皮なども用いられる．これらの動物から剝いだ生皮は，腐敗すると毛が抜け落ちやすくなるので，ただちに加工しない場合は乾燥や塩漬けして保存する．

　毛皮の製造は，皮革製造の場合と同様に，原皮の水漬，裏打ち，なめし，加脂などの工程を経て行われるが，脱毛工程を含まない．また，毛部分の漂白，染色などを行うことで，毛皮の装飾性を高める．

　毛皮は保温性，耐水性に優れた素材であるため，主にコートなどの外套や絨毯などの装飾品に利用されてきた．近年は，ケープやストール，ジャケットのような比較的小さな服飾品やハンドバッグなどの服飾雑貨に利用されることも多い．
〔河原　聡〕

参 考 文 献

経済産業省 大臣官房調査統計グループ（2012）：工業統計調査 確報 品目編．http://www.meti.go.jp/statistics/tyo/kougyo/result-2.html

日本アパレル工業技術研究会（2010）：アパレル統計データベース．http://www.jat-ra.com/statistics.html

中小企業基盤整備機構（2010）：繊維産業に係る平成 21 年度情報業務における「日本の獣毛紡績業活性化可能性調査事業」報告書．

財務省（2012）：財務省貿易統計 国別品別表．http://www.customs.go.jp/toukei/info/tsdl.htm

11. ヤギの遺伝

　ヤギは中東の肥沃な三日月弧において約1万1000年前に家畜化（第1章参照）されて以降，世界中に広まっていった．そして，世界のさまざまな環境へ拡散する間，また，定着した後も，そこでヤギを飼養する人々の生活様式や多様な生活環境（文化，社会，気候）に適応する必要があった．また，人がヤギに求める生産物も乳，肉などと民俗や宗教によって異なっている．このような多様な条件，要求に対応して，ヤギの飼育形態変更，ヤギ自身の遺伝的・生理的適応が必然的に生じ，多様な形態，機能を有する多くの品種が生まれ，現在に至っている．品種の遺伝的な素質に対し，ヤギのおかれた環境が影響して現在の品種の特徴（形質）が固定されてきた．

11.1 遺伝子（型）から表現型へ

　動物が持っている遺伝子（DNA）からさまざまな形態を発現していく過程には，AGCTの文字で記されたDNAからAGCUの文字で記されるmRNAに転写され，さらに必要な情報のみが切り出され，核酸3文字で指定されるアミノ酸情報の指示に従って，リボゾーム上でタンパク質がつくられる．形質にはタンパク質がそのまま認識されるもの，タンパク質の働きにより生産された物質が形質として認識されるもの，生産された物質にさらに多くの蛋白（酵素）が関与して最終的な形質として発現されるものがある．DNAの情報から形質までの段階が少なければ，毛色，血液型，角の有無などのように，遺伝的変異間に連続性がない形質として認識されやすい．一方，DNA情報から多くの段階を経て，発現される形質は，形質が発現するまで多くの遺伝子が関与し，それぞれの遺伝子の変異により影響を受け，体重，乳量などのように集団としてみれば連続した分布を示す形質がある．また，これらの連続分布をする形質は発

現の過程で，飼料の量や質，放牧か舎飼いかのような飼育環境によっても大きな影響を受ける．連続性の少ない（またはない）形質が質的形質（qualitative traits），連続分布をする形質が量的形質（quantitative traits）と呼ばれる．

質的形質とされているものでも，色の濃淡，明暗などのように見方を変えると量的形質のように扱えるものがあり，体重のような量的形質でも，ダブルマッスルといわれるような，ミオスタチン（後述）の変異は，1つの遺伝子の変化で筋肉のつき方が大きく変わり，質的形質として十分に把握可能なものもある．

11.2 質的形質の遺伝

11.2.1 メンデルの法則

質的形質の遺伝は，メンデルが1865年に発表した基本法則とそれから派生した遺伝様式に従う．メンデルの基本法則は，子供は両親から1つずつ遺伝因子を受け取り，子供は一対2個の遺伝因子を持ち，以下の3法則からなる．

（1）優劣の法則：質的形質が同じで，表現型は異なるAとaの純系間の交配からの雑種第一代（F_1，A/a）では，どちらか一方の形質（優性A）が表現され，もう一方の形質（劣性a）は出現しない．

（2）分離の法則：F_1（A/a）どうしを交配すると，F_1で隠されていた形質が雑種第二代（F_2）に出現し，その分離比は，優性形質（A）：劣性形質（a）が3：1の割合で出現する．

（3）独立の法則：優劣のある複数の形質AとBについて，AおよびBの両形質を持つ純系とaおよびbの両形質を持つ純系を交配すると優性形質AとBを示すF_1が出現する．そのF_1どうしを交配すると，AB，Ab，aBおよびabの4つの組合せの形質を示す個体がそれぞれ9：3：3：1の割合で出現する．Aとa，Bとbに限定してみると，ともに3：1となり，A形質とB形質がそれぞれ独立に遺伝していることを示している．

11.2.2 メンデル遺伝様式の拡張

メンデルの3法則からは外れるが，両親から1つずつ遺伝因子を受け取り，子どもは一対の遺伝因子を持つという基本的な遺伝様式で理解できる遺伝様式

には，以下のようなものなど，また，数組の遺伝子の組合せで説明可能な遺伝様式をとるものがある．

(1) F_1 に出現する形質に優劣がなく，中間になる遺伝（不完全優性，無優性）．

(2) ホモになると，発生しない，死産する，生まれてすぐ死亡する致死遺伝子．

(3) 哺乳類のY染色体，鳥類のW染色体上の遺伝子に由来する遺伝で，Y染色体の場合はオスのみ，W染色体の場合メスのみに発現する限性遺伝．

(4) 哺乳類のX染色体，鳥類のZ染色体上に存在する遺伝子は，雄と雌でこれらの染色体の本数が異なるため，常染色体上の遺伝子とは異なる遺伝様式をとる伴性遺伝．

(5) 常染色体上の遺伝子ではあるが，性ホルモンなどの影響でオスか，メスかによって発現の仕方が異なる従性遺伝（ヤギの無角間性，毛髯はこの例である）．

(6) 蛋白質，DNA多型の遺伝は分子そのものを可視化することにより検出され，欠損型の変異を除けば優劣がなく，両親からの分子がともに可視化される共優性．

ヤギの遺伝については OMIA（動物におけるメンデル式遺伝オンライン http://omia.angis.org.au/home/）において，74形質が採り上げられている．そのうち，13形質（遺伝病，乳蛋白の変異）がメンデル式遺伝を行っているものとして記載され，8形質がDNAレベルまで明らかにされていることが報告されている．また，OMIAには取り上げられていないが，肉髯が常染色体上優性遺伝子（W）により出現することが報告されている．

11.3 毛色の遺伝

毛色の変異にかかわる遺伝子は，その関与の仕方により大きく3種類に分けられる．それらの組合せにより多様な毛色とパターンが生まれる（表11.1）．それは，①色の有無（ない場合は白色になる），濃淡，②黒・茶系もしくは黄・褐系の色とそのパターン，③斑点の有無とその大きさ，位置，である．

①は色素細胞の色素の発現にかかわる機構，②は色素細胞でつくられる色素

11.3 毛色の遺伝

表 11.1 ヤギの毛色を支配する遺伝子

表現型	遺伝子名	対立遺伝子または遺伝子座	候補原因分子（蛋白質・酵素）
アルビノ	albino	アルビノ，野生型（着色）	チロシナーゼ（メラニン合成酵素）
茶色または黒	brown	暗褐色（Bd）＞野生型（B+）＞中間褐色（Bb）	チロシナーゼ関連蛋白1（TYRP1）？（メラノゾーム蛋白）
		淡褐色（Bl）＞B+	
アグーチ	agouti	21 遺伝子[1)]	ASIP アグーチシグナル蛋白（MC1R の拮抗阻害）
全黒またはアグーチ	extension	E_D（全身黒または茶色），E+（アグーチ発現）	MC1R（メラノサイト刺激ホルモン受容体）
スポット	white spotting	9 遺伝子（座）[1)] 粗毛（R），白斑（s），ベルト（b）などc-Kit 関連白斑も含む	MITF（小眼球症関連転写因子）
			PSMB7（プロテアソーム（蛋白質分解酵素複合体）サブユニット beta type, 7）
白または着色	dominant white	着色（i），白（I），アンゴラ白（WtaD），着色（Wta+）	c-キット（チロシンキナーゼ Kit または CD117）

1) Sponenberg, D.P.（2013）.

が黒色・茶色（ユウメラニン）系統か，黄・褐色（フェオメラニン）系統か，その出現部位にかかわる機構，③は色素細胞が発生段階で脊索の両側で発生し，そこから体側に沿って腹部に移動するパターンに関する機構，に関与する遺伝子によるものである．それぞれの毛色とパターンの発現には多くの遺伝子（酵素・蛋白）がかかわっており，それぞれの変異には，多くの対立遺伝子が存在している．

ヤギでは，少なくとも①にかかわる対立遺伝子（野生型を含む）が，アルビノ遺伝子座2個，②にかかわる遺伝子がアグーチ約20個，エクステンション2個，茶色3個，③にかかわる遺伝子座については，優性白（c-Kit）関連遺伝子2個，その他の遺伝子9個が報告されている．それぞれ関係する遺伝子のDNA レベルでの研究も，ヤギ以外の哺乳類の研究を参考に進められ，DNA レベルの変異と毛色の変化の結びつきの研究が進められている．ヤギの毛色を支配する遺伝子の命名については，統一されているとはいえず，同じ遺伝子が別の名称で記載されていたり，逆に，異なる遺伝子が表現型の近い別の遺伝子とまとめられて記載されていたりする可能性がある．原因分子については，変更されることはないが，遺伝子記号，対立遺伝子数については変更される可能性が高いと思われる．

11.4 角の遺伝

角の形態（図11.1）には，ねじれのないサーベル型とねじれのあるサバンナ型があり，ねじれは通常閉鎖型であるが，中央アジアでは一部に開放型のねじれがみられる．その大きさは，頭部より大きなものから痕跡程度までさまざまである．ヤギにおいては，角のねじれの有無，方向，角の大きさについての遺伝様式は不明であるが，ヒツジでは，Relaxin-like receptor 2（RXFP2）が，角の有無，大きさに関与していることが報告されている．ヤギの無角遺伝子領域（間性の項で詳述）には，別の遺伝子が存在している．角の有無については，質的な遺伝として考えることができ，ウシ，ヒツジおよびヤギの3種において，無角遺伝子は染色体上の非相同な位置に存在しており，3個の異なる遺伝子が関与していることも考えられる．

図11.1 ヤギの角（筆者撮影）
左：ベゾア型（Grisons striped goat），右：サバンナ型（ねじれの方向は閉鎖型，モンゴル在来種）．

11.5 間性（半陰陽）

ヤギでは，無角遺伝子による間性が圧倒的に多いが，間性はそれ以外の原因でも起こり，①染色体異常，②キメリズム（異性の多胎の間での細胞の交換，ウシにおけるフリーマーチン）および③その他，生殖器の発生経路を阻害する異常，が存在する．ヤギでは，染色体異常，フリーマーチンの報告はみられるが，その他の要因については研究が進んでいないのが現状である．フリーマーチンは，雄と雌の両性の多胎の場合に雌胎児が不妊になる現象のことである．

多胎では胎盤が子宮内で癒合することが多く，血液を通して，血球，ホルモンが相互に移行する．雌雄の多胎の場合，雄胎児のホルモンの影響で雌胎児が雄性化し不妊となる．ヤギの場合，ウシやヒツジと比べフリーマーチンの報告 (Szatkowska *et al*., 2004) は少ないが，無角遺伝子による間性の問題が大きく，見過ごされてきた可能性が高い．

無角の遺伝

角の有無を支配する遺伝子で有名なのはザーネンにみられる無角遺伝子 PIS である．角による傷害をなくすために，無角の遺伝子を固定するための努力がなされたが，ザーネン由来の無角個体から，有角個体が生まれることをなくすことができなかった．無角個体間の交配から生まれる無角の雌の 1/3 は間性になり，後代が残せない．雌の無角の個体は無角遺伝子 (P) と有角遺伝子 (p) のヘテロ (P/p) で，無角遺伝子がホモ (P/P) になると雌性間性になり，多くの人々の努力にもかかわらず，無角個体のみからなる集団をつくりだすことは，国内でも多く使われているザーネンでさえ成功しなかった．

DNA レベルの研究から，無角の遺伝子領域には PISRT1 (PIS-regulated transcript 1)，FOXL2 (forkhead box L2) の 2 遺伝子にまたがる大きな欠失が存在し，雌の生殖器の分化に直接かかわる部分であることが明らかになった．無角遺伝子がホモになると，雄では問題が生じないが，雌では必然的に間性になる．したがって，生殖細胞がつくられる際の遺伝子組換えにより，無角と間性の遺伝子を切り離す試みはまったく期待できないことがわかった．しかし，ヤギの多くの品種で，中国の馬頭ヤギのように品種名に無角を意味する単語が含まれるもの，その特徴に無角と特記されているもの，また，オス有角，メス無角と角の有無が従性遺伝によることを思わせる記述のある品種も存在している．また，ザーネンの無角で期待されるよりも多くの無角個体が維持されている品種が存在しており，間性を伴う無角遺伝子以外に，角の有無を支配する遺伝子が存在する可能性が高い．

11.6 量的形質の遺伝

量的形質は，いくつもの遺伝子の効果 (g) が組み合わさったもので，環境

(e) の影響も大きく受けている．したがって，表現型（p）の分散は

$$\mathrm{Var}(p) = \mathrm{Var}(g) + \mathrm{Var}(e)$$

で表される．遺伝的分散には遺伝子の効果が加算的である相加的遺伝分散と非相加的遺伝分散に分けられる．非相加的遺伝分散には，同一遺伝子座の対立遺伝子間の優性効果（部分優性，完全優性，超優性）と異なる遺伝子座における遺伝子間，遺伝子座間の相互作用の効果であるエピスタシス効果がある．表現型の分散のうち，後代に伝わるものは遺伝的分散のみであり，遺伝的分散のうち，非相加的遺伝分散は，後代への遺伝が不規則で表現型の差異がそのまま後代には伝わらない．育種改良に重要なものは遺伝する部分であり，表現型の分散のうち，遺伝分散全体の割合が広義の遺伝率であるが，後代に確実に伝わる，相加的遺伝分散の部分のみの表現型分散に占める割合が遺伝率（ヘリタビリティ，h^2）と呼ばれ，育種改良に重要な概念である．注意すべきことは，ヤギのおかれた環境が大きく異なるように，改良されたヤギ品種，在来ヤギ品種・集団および研究用の交雑集団などでは遺伝的構成が大きく異なり，同じ形質の遺伝率であっても対象とされる品種・集団で大きく異なることがあることである．QTL（量的形質の遺伝子座）の研究は，量的形質を質的形質のようにとらえようとする試みである．

● 11.6.1 副乳頭または重複乳頭の遺伝

ヤギには，通常，乳器が左右に一対あり，それに付随する乳頭もそれぞれ1つずつの2つである．それ以外に小さな副乳頭を持つものがあり，主（正規）乳頭から完全に分離し，前外側寄りにみられる．出現は品種により異なり，バーバリは，約12％が副乳頭を有し，ガーナのウエストアフリカンドワーフは30％が有している．副乳頭を持つ雌の産子は成長が遅れるという報告もあり，明確な副乳頭は，子ヤギの時期に通常切除される．まれに，副乳頭が正常乳頭に匹敵するくらいの大きさのものがあり，乳房は4つの同等の乳腺に分かれている場合もある．日本在来種（シバヤギおよびトカラヤギ）は副乳頭を有するものが普通で，トカラヤギでは標準形質に「副乳頭を有すること」があり，しばしば乳汁を分泌し，哺乳できる．

副乳頭の遺伝的支配については不明であり，数世代にわたり副乳頭を持たない系統から突然，副乳頭を持つ個体が出現したり，逆の例もみられたりして，

数を数えることもできるため，量的形質と考えられる．ヒツジの例では，副乳頭を多くする方向に選抜を重ねることにより，平均乳頭数 6 個まで増加させることができたが，それ以上には増やせなかったという報告がある．その遺伝率は 0.144 で，乳頭数の増加と産子数の間には有意な相関はみられていない．ウシにおける尾側副乳頭の遺伝率は，左右の平均で 0.176 であった．

11.6.2 毛の生産にかかわる遺伝

織物に用いられるヤギの毛には，よく知られているカシミヤ毛（パシュミナ，径＜18.5 μm），モヘア（径 25～45 μm）がある．アンゴラヤギ 1 頭からのモヘア生産量は 5～8 kg で，カシミヤヤギの 1 頭当たりの産毛量は群により大きく異なり（200～325 g），平均 250 g 程度である．アンゴラヤギの毛質・モヘア生産にかかわる遺伝率は，洗浄前フリース重 0.13～0.50，繊維径 0.12～0.51，ステープル長 0.12～0.79，髄鞘割合 0.10～0.25，ケンプスコア 0.17～0.36 であり，カシミヤヤギの毛質・カシミヤ生産にかかわる遺伝率は，フリース重 0.25～0.45，カシミヤ毛重量 0.26～0.62，カシミヤ毛径 0.14～0.99，カシミヤ毛長 0.15～0.70 と，いずれも中程度から高い遺伝率を示している．遺伝率からみると遺伝的改良は可能と考えられるが，モヘア生産では，モヘア生産量と繊維径に正の相関がみられ，カシミヤ毛生産では，生体重とカシミヤ毛重で負の相関，カシミヤ毛重と繊維径に正の相関がみられ，望ましい性質のカシミヤ毛やモヘアの生産性を高めることは，必ずしもうまくいっていないのが現状である．モヘア，カシミヤ毛の QTL および候補遺伝子アプローチが世界各地で行われており，それら生産性にかかわる QTL，候補遺伝子が報告されるようになっている．

11.6.3 抗病性の遺伝

家畜の疾病は，生産性を低下させ，群を全滅させることさえある．そのため，疾病の予防や治療のために化学合成薬品を使うことが行われているが，病原体が薬剤耐性を獲得し，薬品が効かなくなる，生産物中への薬品の残留などが大きな問題とされている．

改良された生産性の高いヤギが，途上国に導入され，生産性を向上させる努力が多くの国で継続されている．日本においてもザーネンの導入が進められた

が，在来のヤギと比べフィラリアによる脳脊髄糸状虫症（腰麻痺）への感受性が強く，本州以南では導入が失敗に終わったところが多い．腰麻痺に限らず，新しく導入された生産性の高い品種がその土地の在来品種と比べ，その土地にある疾病に感受性が強いことが知られている．在来家畜は，その土地に適応する過程でその土地の風土病に抵抗性・寛容性（抗病性）を獲得してきた．これまでの研究から，インド原産のジャムナパリ，アフリカ原産ウエストアフリカンドワーフ，Xhosa，ングニおよびスモールイーストアフリカン，中近東のアンゴラ，Yei，アジア産のタイ在来種，フィリピン在来種，ラテンアメリカ・カリブ産のクリオロ，ボアに内部寄生虫症，北アフリカおよび西アフリカの4カ国の在来種にトリパノゾーマ症，ジャムナパリがヨーネ病にそれぞれ抵抗性のあることが報告されている．抗病性の遺伝率は，何を指標にするかにより高低は変わってくるが，指標が明確なもの（寄生虫数，寄生虫卵数，免疫反応など）であれば，0.2～0.6と高く，育種への利用が可能である．バーバリでは，内部寄生線虫抵抗性の遺伝率推定値は0.13であった．腐蹄病は蹄を持ったヤギやヒツジが湿った土地においてかかりやすい病気である．ヤギでは，この病気に対する抗病性に関する報告はないが，ヒツジでは，いくつかの報告があり，湿地帯に由来する在来品種ロムニーマーシュ，ドーセットホーン，ボーダーレスターなど14品種が腐蹄病の感受性が低いことが報告され，遺伝率は約0.30と比較的高くなっている．

　また，多くの動物で主要組織適合性遺伝子複合体が抗病性と関係しているとする報告があり，ヤギにおいても大きな多様性が報告されている．また，伝達性海綿状脳症（TSE）を引き起こすプリオン蛋白異常と，その感受性および抵抗性がプリオン蛋白の変異と密接に関連していることがヤギにおいても報告されている．

　抗病性の遺伝子を利用することの利点として，①一度確立した遺伝的変化は永続的，②効果の永続性（効果が確立したら，くり返しの薬品やワクチン処理などが不要），③他の方法の効果は，病原体のほうに抵抗性が出現するが，抗病性に対する抵抗性は出現しない，④効果の範囲が広くなる可能性（1つの疾病だけでなく，他の多くの疾病に対する抵抗性の増加），⑤寄生虫側の防御戦略の進化・適応に対して，化学療法もしくはワクチン処理のような防御法と比較して大きな影響を受けない可能性，⑥疾病管理戦略に多様性を与えることなどが

あげられる（FAO, 1999）．

11.7 ヤギのゲノム研究と利用

　ヤギのゲノム研究の成果として中国，アメリカ，オーストラリアおよびフランスのグループによりヤギの2.66 Gbにおよぶ全ゲノム地図が2012年12月に報告された．その中には，22,175個のタンパク質コード遺伝子が報告され，Goat Genome Database（http://goat.kiz.ac.cn/GGD/）からアクセスできる．しかし，他の主要家畜（ウシ，ブタ，ニワトリおよびヒツジ）と比べ，遅れている．ヤギは「貧者の乳牛」といわれるように，その生産が先進国において，大規模化・企業化されておらず，研究者が少ないことがその理由であろう．しかし，他の家畜，特にヒツジ，ウシの研究の成果は，同じ反芻家畜であること，人が利用する形質が似ていることから，それらのゲノムの相同領域の情報の多くは，ヤギにも適用できることが多い．ヤギ，ヒツジおよびウシの染色体数は，それぞれ60, 54および60であるが，常染色体の腕の数は3種とも58で同じ，転座，逆位などで多くの変化はみられるが，相同性はよく保たれている．

　これまでのヤギのゲノム情報については，INRA goatmap Database（http://locus.ouy.inra.fr/cgi-bin/lgbc/mapping/common/intro2.pl?BASE=goat），NCBI The National Center for Biotechnology InformationのCapra hircus（goat）Domestic goat overview（http://www.ncbi.nlm.goo/genome/?term=caprathircus）がある．

11.7.1　ゲノム情報の育種改良への利用

　ゲノム情報の育種改良への利用法として，QTL（量的形質の遺伝子座）解析，候補遺伝子アプローチ，マーカーアシスト選抜がある．ゲノム解析の結果，染色体（領域）特異的な多くの遺伝標識（sequence tagged site：STS）が開発されている．量的形質とSTSとの関連を統計遺伝学的手法で解析し，特定の量的形質と関係した染色体領域を検索する．その染色体領域にQTLが存在すれば，その領域と結びついた遺伝標識がQTLのマーカーとなる．QTLと密接に結びついたマーカーを導きとして望ましい方向へ量的形質を選抜していくのがマーカーアシスト選抜である．マーカーを利用することにより望ましい遺伝子を間

違いなく導入することができ，遺伝病や望ましくない形質の遺伝子を数世代で排除でき，質的形質のみならず，量的形質の改良の効率化が期待できる．

一方，ゲノム研究の進んだ生物の情報から，特定の形質にかかわる遺伝子（領域）を推測し，その情報をもとに，ヤギで相同の遺伝子もしくは遺伝領域にアプローチする方法が候補遺伝子アプローチである．この手法は，従来の遺伝学研究が形質から，遺伝子に向かう方向であることに対して，遺伝子のほうから形質を研究するため，逆遺伝学（reverse genetics）とも呼ばれる．また，QTL領域に存在する遺伝子もしくは遺伝子と思われるDNA配列から，特定の形質を支配する遺伝子を決定することも同様に呼ばれる．以下にヤギにおける事例を紹介する．

ヤギにおいて報告されているQTLは，ウシやヒツジと比べ少ない（表11.2）が，中国，フランス，スペイン，南アフリカ，アルゼンチンなどで報告されている．ヤギでは，モヘア，カシミヤ毛が重要な生産物であることから，ヒツジと比較しても繊維に関する報告の割合が多くなっている．

候補遺伝子として，ヒトやマウスの研究から，ヤギの生産形質にも関連すると思われる遺伝子や，ウシやヒツジにおいて確認された生産に関係する遺伝子をヤギにおいて調査しているものが多い（表11.3）．代表的な例として，マウスにおいて明らかになり，ウシやヒツジでも確認された筋肉の増大にかかわるミオスタチン（growth differentiation factor-8：GDF-8），また同様な形質で

表 11.2　ヤギ，ヒツジおよびウシで報告されている形質分野ごとの QTL 数

分　野	QTL 数						含まれる特性の例
	ヤギ		ヒツジ[1)]		ウシ[1)]		
		割合		割合		割合	
肉			246	0.33	1,229	0.21	肉質，枝肉特性，ロース心面積，脂肪厚
ミルク	3	0.04	152	0.20	1,651	0.28	脂肪率，乳蛋白，加工特性
保健衛生	7	0.10	135	0.18	497	0.08	疾病感受性（抗病性），乳房炎，免疫能，寄生虫症抵抗性
生産	22	0.32	127	0.17	1,118	0.19	発育，摂食，飼料効率，エネルギー効率，泌乳量，生涯生産性
繁殖	4	0.06	38	0.05	1,301	0.22	受胎率，精液性状，繁殖器官，乳器
繊維	31	0.46	34	0.05			繊維，羊毛
外貌	5	0.07	21	0.03	124	0.02	先天異常，体格，毛色
合計	68		753		5,920		

1）　AnimalQTLdb（2013）．

11.7 ヤギのゲノム研究と利用

表 11.3 ヤギで候補遺伝子アプローチの対象となった遺伝子

遺伝子名	動物名	蛋白質（DNA）名		対象形質
myostatine[1]	ウシ	GDF8	Growth and Differentiation Factor 8	筋肉量
FecB[2]	ヒツジ	BMPR-1B	Bone morphogeneic protein receptor 1B	産子数
FecX	ヒツジ	BMP15	Bone morphogeneic protein 15	産子数
		MTNR1A	melatonin receptor 1A	季節繁殖性
		GDF9	Growth and Differentiation Factor 9	産子数
		BMP4	Bone morphogeneic protein 4	産子数
		RERG	ras-related and estrogen-regulated growth inhibitor	増体
		DGAT	diacylglycerol acyltransferase 2	体格
		DRB3.2	MHC DRB3.2	カシミヤ毛生産
		LABA	alpha-lactalbumin	カシミヤ毛生産
		PRL	prolactin	毛長
callipyge[3]	ヒツジ		dodecamer motif between DLK1 and GTL2	筋肉量

1) ダブルマッスル（Double muscle）
2) ボーローラ（Booroola）
3) Polar over dominance と呼ばれる特異な遺伝形式を示し，父親から Callipyge 変異を，母親から正常型を受け継いだときにだけ，その表現型が現れる．ダブルマッスルと類似の表現型．

あるが，ヒツジで見つけられた特殊な遺伝様式（polar over dominance と呼ばれる特異な遺伝形式を示し，父親から変異を，母親から正常型を受け継いだときにだけ，その表現型が現れる）をとるキャリピージ（callipyge）遺伝子の変異が，ボア種でも同様の量的変化を引き起こすことが報告されている．ヒツジで報告された産子数にかかわる遺伝子ボーローラ（Booroola(FecB)），FecX がヤギにおいても同様の働きをしている可能性も示されている．一方，毛の生産にかかわると考えられる遺伝子，ケラチン関連遺伝子も調べられたが，これまでは大きな関連は見つけられていない．しかし，ヤギの全ゲノム地図の報告では，カシミヤヤギの通常の毛を作る毛囊とカシミヤ毛を作る毛囊では 29 個のケラチン遺伝子と 30 個のケラチン関連遺伝子が発現しており，2 種の毛囊の間で，51 個の遺伝子の発現の仕方が異なっていることを報告している．その中には，2 つのケラチン遺伝子，10 個のケラチン関連遺伝子が含まれている．また，それ以外にもアミノ酸合成酵素の遺伝子がいくつか含まれ，今後，これらの情報をもとに，カシミヤ毛やモヘア生産性向上のための候補遺伝子を用いた研究が進むことが期待されている．

11.7.2 系統学的研究および遺伝資源多様性の保存への利用

　家畜の品種・集団は，生産目的，環境への適応，飼養者の嗜好に合わせて形成されてきており，品種の外観の類似性だけでその遺伝的類縁関係を推定することは困難である．そのため，環境や飼養者の意図に影響されにくい遺伝子に基づくと考えられる形質を用いて，類縁関係を推定し，それらの系統分類を研究することが行われてきた．はじめは形態学的な形質が多く用いられてきたが，分子遺伝学的な研究の進展により，蛋白・酵素を用いた研究，その後，DNA解析法の進展からより多くの変異座位が存在するDNAを指標として，系統的類縁関係の研究が進められてきた．多くの研究者により，個別に研究成果が報告されてきたが，研究者により使用する，蛋白・酵素，DNAの種類が異なり，個別の研究報告を統合することは困難であった．

　生産性の効率を高めるため，この数十年間に改良された生産性の高い品種が先進国・途上国を問わず導入され，それらの国の環境に適応した在来の動物遺伝資源の多様性が急速に狭められてきている．一方では，導入された生産性の高い品種が，それらの国に適応できず，生産性を上げられない，無分別な交雑の結果，在来の品種が消滅するなど，動物遺伝資源の多様性を保護するための手段を講ずる必要性が訴えられた．数多くある品種・集団のうち，どれを優先的に保護すべきかの決定のために，FAOでは，世界中の品種を同じレベルで比較するためのDNAマーカーセットを家畜種ごとに選定して，世界の研究者がそのマーカーセットを用いて調査研究するように提唱した（FAO, 2011）．ヤギにおいても，染色体に分散した30個のDNAマーカーが選定され，それらマーカーに基づいた研究が進められている．また，常染色体上のDNAは両親から伝えられるが，ミトコンドリアDNAは母方のみ，Y染色体は父方のみに由来するため，それぞれのDNAを併せて研究することは，品種がどのように形成されてきたかを推定するために重要である．また，遺伝標識の集団内の多様性の状況もこれらのマーカー調査研究から明らかにすることができ，集団内の近交度についても推定できる．

　系統的類縁関係の解析結果は，品種の危機的状況の現状，民族における社会的役割の重要性とともに，どの品種を保護すると最も効率的に遺伝的多様性を保存できるのか，どの品種の保護を優先すべきか，危機的な状況に陥った品種を回復するために利用できる近縁品種はどれかを選定するための大きな指標を

与えることが期待されている．

　ヤギの遺伝学的研究はここまでみてきたように，他の主要家畜と比較して進んでいるとはいえないが，2012年に全ゲノムデータベース（2012）が構築され，毛嚢の例のように，特定の組織における多様なレベルで蛋白や転写産物の総体の研究（プロテオミクス，トランスクリプトミクスなど）が進み始めている．1つの量的形質とされていたものが，それにかかわる遺伝子およびその産物である生体分子にまで細分化され，その役割，相互作用のネットワークが解明されることにより，質的形質と量的形質の境界が接近していくと考えられるが，情報の扱いを含むさらなる解析手法の発展が必要であろう．〔峰澤　満〕

参　考　文　献

Animal Quantitative Trait Loci（QTL）database（Animal QTLdb）（2013）
　http://www.animalgenome.org/cgi-bin/QTLdb/index（1月現在）
　ブタ，ウシ，ヒツジ，ニワトリ，ニジマスのQTLの情報が網羅されており，ヤギのQTLも研究が進めば取り入れられる予定である．
Domestic Animal Diversity-Information System（DAD-IS）（2013年1月現在）
　http://dad.fao.org/
　FAOの運営するサイトで，世界各国の37動物種について網羅された品種データベースがあり，多くの品種で写真も掲載されている．マイナーな家畜については，最大のデータベースである．FAOの出版した書籍，FAO主催の国際会議，セミナーなどの技術的な報告が無料でダウンロードできる．
FAO（2007a）：The state of the World's Animal Genetic Resources for Food and Agriculture（Rischkowsky, B. and Pilling, D.）, Rome.
　http://www.fao.org/docrep/010/a1250e/a1250e00.htm
　2000年から2002年にかけて世界169の国の政府からの報告に基づいて作成された，世界の畜産の状況についての教科書的な文書である．
FAO（2011）：Molecular genetic characterization of animal genetic resources. FAO Animal Production and Health Guidelines. No. 9. Rome.
　http://www.fao.org/docrep/014/i2413e/i2413e00.pdf
　85p + ix.
　世界の家畜品種・集団について，動物種毎に提案されたマイクロサテライトDNAマーカーを共通に用いて，調査研究するための手引き書，使用するマーカーの紹介，研究手法，解析手法が実用的に紹介されている．
Goat Genome Database
　http://goat.kiz.ac.cn/GGD/（2013年1月現在）
　中国を中心として作成された全ゲノム地図を中心としたデータベース

GOATMAP database(2013年1月現在)
http://locus.jouy.inra.fr/cgi-bin/lgbc/mapping/common/intro2.pl?BASE=goat
フランスの国立農業研究所(INRA)による,初期のヤギゲノムのデータベース,622マーカーによるゲノム地図,24品種のDNAマーカーの多様性にアクセスできる.

OMIA(Online Mendelian Inheritance in Animals 動物におけるメンデル式遺伝オンラインデータベース
http://omia.angis.org.au/home/
家畜を中心とする11の動物種のメンデル式遺伝をすると考えられる変異のデータベースで,その変異がはじめて報告された文献から,最近に至るまでの文献も網羅されている.

Szatkowska, I., Zych, S., Udala, J., Dybus, A., Blaszczyk, P., Sysa, P., Dnbrowski, T. (2004):Freemartinism:Three cases in goats. *ACTA VET.*, BRNO 73:375-378.
ヤギのフリーマーチンの存在を明らかにした論文.無角間性ほどではないが,不妊雌個体に無視できない程度に存在する可能性を指摘している.

Sponenberg, D. D. (2013):http://www.cagba.org/Goat_Color_Explained_copy1.pdf(1月現在)

Supakorn, C. (2009):The important candidate genes in goats — A review. *Walailak J Sci Tech 2009*, **6**(1):17-36.
候補遺伝子アプローチについてはそれほど多くないが,その中では,比較的多くの遺伝子を紹介した総説である.

Yang, D., et al., (2012):Sequencing and automated whole-genome optical mapping of the genome of a domestic goat (*Capra hircus*). Nature Biotechnology doi:10.1038/nbt.2478
中国,アメリカ,オーストラリア,フランスのグループによる全ゲノムマップで,本文は9ページと短いが,付属の文書,図表は膨大で,有効活用するにはGoat Genome Databaseのさらなる整備が必要とされる.

12. ヤギの育種と改良

12.1 ヤギの改良増殖目標

「家畜改良増殖目標」は，家畜の種類ごとに，家畜改良増殖法に基づき農林水産省が5年ごとに公表している．ヤギにおいても他の家畜と同様に，最新のものは2010（平成22）年に公表されている．以下の通りである．

改良目標
(1) 改良事業の概要

山羊の改良は，昭和10年代から30年代までに乳用の利用を目的としてザーネン種の種畜導入が図られ，国（現独立行政法人家畜改良センター）および都道府県において行われた研究，系統造成，種山羊の民間への配布により，泌乳能力等の改良及び繁殖技術の開発が図られ，日本ザーネン種が作出された．昭和40年代後半以降は，国（現独立行政法人家畜改良センター）を中心に種畜の配布が継続的に行われ，昭和59年からは，凍結精液の作成・配布も行われている．

(2) 改良の現状

乳用種である日本ザーネン種を中心として，泌乳能力の向上が図れている．肉利用における大型化を目的として，在来種と日本ザーネン種，ボア種等の交雑利用も行われている．

(3) 能力に関する改良目標

繁殖能力の向上に努めるとともに，粗飼料利用性が高い等の特長を活かした山羊の生産に努める．また，斉一化に重点をおき，安定した生産体制の整備及び生産コストの低減を図る．

加えて，乳用にあっては山羊乳・乳製品販売等の需要に応えるために泌乳能力の向上に努めるとともに，肉用にあっては産肉性の向上に努める．

① 繁殖能力

受胎率，産子数，ほ育能力等の向上に努めるものとする．

② 泌乳能力

乳用にあっては，乳量の向上に努めるものとする．

能力に関する目標数値

	総乳量（250日換算）
現　在	433 kg
目　標（平成32年度）	600 kg

注：日本ザーネン種のものである．

③ 産肉能力

肉用にあっては，発育性，増体性及び枝肉歩留まりの向上に努めるものとする．

(4) 体型に関する改良目標

① 強健で肢蹄が強く体積に富み，体各部の均称がとれ，飼養管理が容易な体型とする．

② 乳用にあっては，乳器に優れ，搾乳が容易な体型への改良が重要である．

(5) その他家畜能力向上に資する取組

① 改良手法

近親交配の回避と間性等の不良形質の排除のため計画交配に努めるものとする．

② 優良な種畜の確保

純粋種の減少及び種畜不足が危惧されており，優良種畜等を確保・供給する体制の強化が重要である．

③ 人工授精技術の普及・活用

効率的な改良・増殖を進めるため，凍結精液利用を含む人工授精技術の普及・活用による優良種畜の広域な利用を図るものとする．

④ 飼養管理技術及び衛生管理技術の向上

飼養管理技術及び衛生管理技術の向上を図り，子山羊の損耗防止等による生産性の向上に努めるものとする．

増殖目標

　乳用，肉用それぞれの利用を促進するとともに需要動向に応じた頭数になるように努めるものとする．なお，畜産物利用を推進するとともに，高い放牧適性を活かして耕作放棄地の有効活用や景観保全への活用，小型で扱いやすい特性を活かしたふれあいによる安らぎや癒やし効果の発揮，地域特産品づくり等の多様な活用も重要である．

　国内のヤギの飼養状況は，現在，およそ19,000頭とされているが，多くが，1～2頭の小頭数飼育であり，その飼養目的も乳や肉生産だけでなく，学校教育や耕作放棄地対策，景観維持といった多方面に活用されてきている．

　また一方では，個人の自家消費用としてが中心であった山羊乳の生産についても，ヨーグルトやチーズといった加工品の製造販売までを手がける生産者も現れており，6次産業としてヤギを活用する場面もみられるようになってきている．
〔名倉義夫〕

12.2　選抜の考え方

　産業動物として，飼養しているヤギの能力を向上させることは，効率的に生産物を得ることになり，経営を安定させることにもなる．選抜するには，品種の特徴をよく備えているものであると同時に，能力の高い個体を選抜していくことが大切である．

　日本ザーネン種については，登録制度と検定制度があるので，登録されている個体ならばその血統を確認することができる．ヤギを新たに導入したり，後継のヤギを選定する場合には，両親の特徴をよく観察しておくことが重要である．体型や資質，性格など，子ヤギの場合には成長したときを想像することができる．自家生産されたヤギでない場合は，親ヤギを確認できないこともある．その場合，登録証明書を確認することが重要になる．登録証明書からは，血統だけでなく，その個体の母親や父親の能力が表示されていることもあるため，その個体の能力の推計ができる．

選抜のポイント（日本ザーネン種の場合）

・発育途上の子ヤギの場合，成熟時の体型とは大きく違っている．市場に上場される個体は，4～6カ月のものがほとんどであることから，肋の張り具合や四肢など骨格がしっかりしているとともに，体長より体高がやや長いくらいの個体がよい（図12.1）．

図 **12.1** 子ヤギ市場（筆者撮影）

・繋（つなぎ）がしっかりしていて歩様の軽やかなものがよい．繋を痛めると放牧や運動に支障をきたすばかりか，乳器を支える腰を支えきれなくなり産業動物としては致命的になることもある．

・先天的な障害のないもの：ヤギでは，間性の事例がよくみつかる．間性については遺伝的に角の有無との関係が明らかにされている．発現するのは雌の無角の個体で，そういった個体の場合，必ず両親の角の有無を確認し，有角と無角の組合せで生まれた個体であることを確認する．繁殖する場合には無角どうしの交配（25～50％の確率で間性が発生）は避けなければならない（図12.2）．

・下あごが短いものや長い場合などの不整咬合がみられる場合もある（図12.3）．これらの先天的な障害については，治療や矯正が困難であるため，選定から外す．

・体型や能力以外にも，乳用種としては，性格が温順で取扱いやすい個体であることも選抜の重要な要件になる．

飼養者の家畜への接し方にもよるが，品種や個体によってその性格が如実に

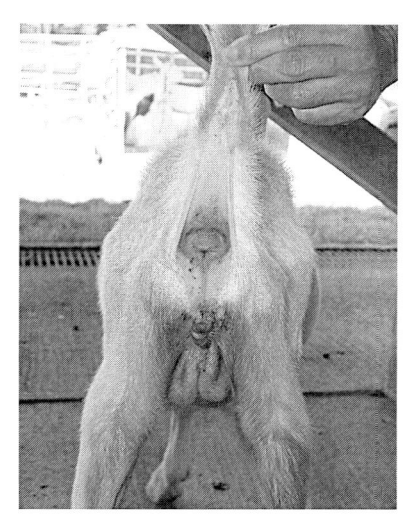

図 12.2　間性（筆者撮影）

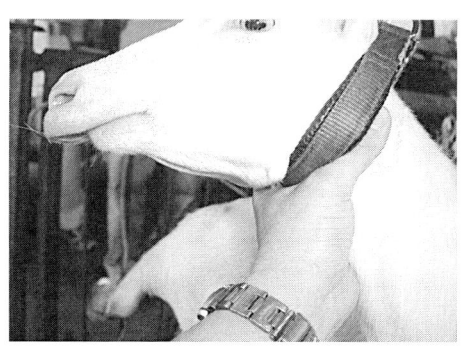

図 12.3　不整咬合（筆者撮影）

図 12.4　理想体型（3歳の雌）（筆者撮影）

現れることもある．神経質なものや気性の荒い個体は，選定から外すべきである．理想体型のヤギを図 12.4 に示す．　　　　　　　　　　　　　　〔名倉義夫〕

12.3　登録と能力審査

　家畜の登録は，改良手法の基本となるもので，畜種ごとに行われている．ヤギについては，家畜改良増殖法により公益社団法人畜産技術協会（以下「協会」）が農林水産大臣の承認を受けて定めた日本山羊登録規程（以下「規程」）に基づ

き，業務を委託した登録業務委託団体（以下「委託団体」）経由で，形質の改良と能力の向上を図るとともに，血統の維持継続を目的に一元的に実施している．

12.3.1 日本山羊登録規程

a. 登録規程の構成

日本山羊登録規程の要点は以下のとおりである．

①国内で飼育されている純粋なヤギ品種を登録対象としている．

②すべての品種の登録を日本山羊登録規程に基づいて実施する．

③登録実務に係る細部の規定は，日本山羊登録規程細則（以下「細則」）に定めている．

④雄の本登録は体格審査の得点で，また，雌は体格審査の得点および泌乳量により判断する．

⑤海外登録団体の血統を証する書面を有するヤギは，産子登録を受けることができる．

⑥登録を受けるか否かは，飼育者（所有者）の任意による．

⑦登録は開放式を採用している．

b. 登録の種類と資格

登録は，基礎登録，産子登録，本登録の3種類とする．登録の流れは図12.5のとおりである．

1）基礎登録の資格　規程では，「生後12カ月に達し，細則に定める品種ごとの体格審査標準による審査の結果，品種の特徴を備え改良の基礎又は材料として適当と認められたものについて行う．ただし，発育良好なものは，生後12カ月に達しないものでも，登録を受けることができる」としており，無登録

基礎登録	産子登録
・生後12カ月に達したもの ・審査の上，改良の基礎または材料として適当と認められたもの ・本登録は受けられない	・登録ヤギの間に生まれたもの ・離乳前のもの ・血統証等を有する輸入ヤギ

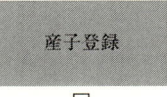

↓

本登録	
	・産子登録を受けたもの ・生後12カ月に達したもの ・付点率70%以上で総得点が75点以上のもの ・雌は所定の乳量に達したもの

図12.5　3種類の登録と登録の流れ

ヤギ間に生産されたヤギおよび産子登録の時期を逃したヤギにも登録の道を開放している．ただし，基礎登録ヤギは本登録を受けることはできない．

2）産子登録の資格　産子登録の資格は，次の2点の要件を備えたものでなければならない．なお，離乳前としているのは，母子関係を確認するためである．

①登録をしたヤギの間に生産されたもので，離乳前の登録審査を受けたもの．
②外国の登録団体の血統書を有するものまたは胎内輸入により生産されてその種付けを証明する書面があるもので，協会が認めたもの．

3）本登録の資格　雄の本登録は，次の①，②の要件を備えたものについて行い，雌の本登録は，次のすべての要件を備えたものについて行う．

①産子登録を受けたもの．
②生後12カ月に達し，細則に定める品種ごとの体格審査標準による審査の結果，対各部の付点率が70％以上で，総得点が75点以上のもの．
③規程第12条に定める泌乳能力の審査を受け，所定の乳量に達し，能力の表示を受けたもの．

12.3.2　泌乳能力審査

当該ヤギの泌乳能力を明らかにするときや雌を本登録しようとするときに登録申込書に添える「山羊泌乳能力審査証明書」作成のために行わなければならない．細則の山羊泌乳能力審査要領に要件が種々規定されているが，主なものは次のとおりである．

①審査対象は，全泌乳期間中1回だけとし，分娩翌日より起算し51日から240日までの1日の全搾乳量とする．なお，1日当たりの搾乳回数は3回以内とする．
②山羊泌乳能力審査証明書は，泌乳能力審査に立ち会った審査委員が作成する．
③能力表示は品種ごとの別表に基づき，次の表示例のように記号で表す．

　　能力の表示例　　　　　　　　　　　記号
　　　分娩後68日で泌乳量3.90 kgのもの………＊　（6）
　　　分娩後95日で泌乳量5.50 kgのもの………＊　（8）
　　　分娩後136日で泌乳量5.50 kgのもの……＊　（10）

別表（日本ザーネン種山羊）

能力表示記号 / 分娩後日数	＊（6）	＊（8）	＊（10）
61～ 70	3.84 kg 以上	4.68 kg 以上	5.86 kg 以上
91～100	3.48	4.26	5.62
131～140	3.00	3.70	5.30

（注：表の一部非表示省略）

12.3.3　ヤギの体尺測定要領

ヤギの登録実施上体各部の測定は，データ蓄積や審査のための補助手段とするので，正確に行うため測定は図 12.6 によるものとする．

測定数値は，姿勢によって誤差を生じやすいので，測定場所は平坦な地面などに自然の正姿勢をとらせることが肝要である．

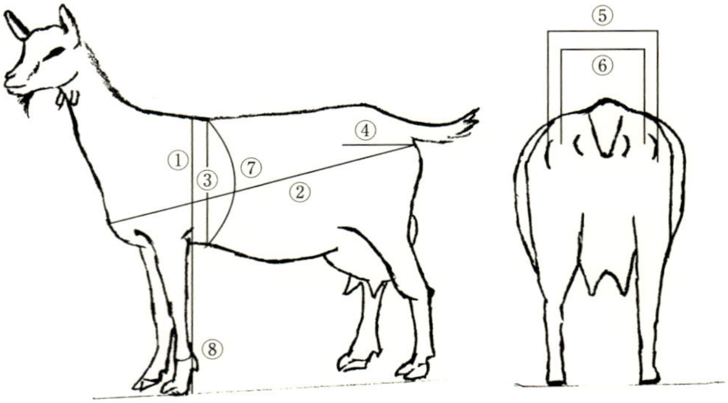

図 12.6　姿勢と体尺部位

①体　高：き甲点より垂直に地面に達する間の長さ
②体　長：肩端と坐骨端とを直線で結ぶ間の長さ
③胸　深：胸囲を測定する線上の胸椎上縁と胸の下縁との間の長さ
④尻　長：腰角の前端と座骨端とを直線に結ぶ間の長さ
⑤腰角幅：左右腰角外縁最広部間の幅
⑥かん幅：左右かん股関節最広部間の幅
⑦胸　囲：肩後第８肋骨の基部を通過する帯径の周囲の長さ
⑧管　囲：前肢管骨最細部の周囲の長さ

12.3.4　ヤギの体型

ヤギは利用目的により，乳用種（日本ザーネン種など），肉用種（ボア種など），毛用種（アンゴラ・カシミヤヤギなど）に大別され，利用目的に応じて改良された結果，体型にそれぞれの特徴が現れている．

12.3　登録と能力審査

乳用種は，泌乳時身を削ってでも乳を出すように改良されているため，太ることができず，棘状突起などの骨が浮き出しているような痩せ型である．そのため，乳用種は図12.7のような楔形が特徴的である．

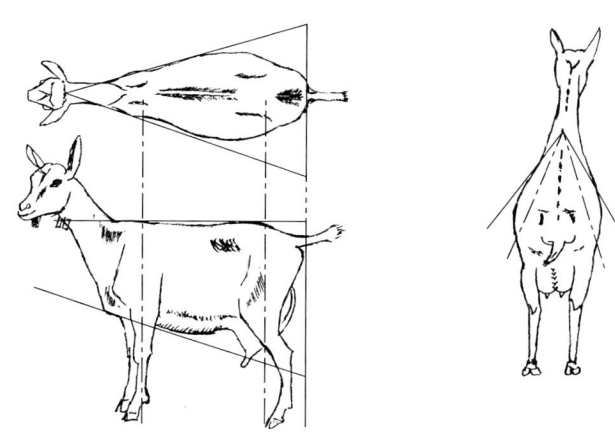

図 12.7　乳用種の体型（楔形）

表 12.1　日本ザーネン種山羊体格審査標準（日本山羊登録規程細則　日本ザーネン種山羊体格審査標準より．2014年3月24日改訂）

区　分	標点 雌	標点 雄	説　　明
品種の特徴	14	18	体色，大きさ，頭部の形質においてよく本種の特徴を示すもの
体　色	3	4	毛色は白色で，皮膚に見苦しい斑点のないもの
大きさ	6	7	完熟したものは，雌で体高75 cm，体重約60 kg，雄で体高85 cm，体重約85 kgを標準とする
頭	5	7	頭の大きさは体とのつりあいよく，顔は輪郭が鮮明でむしろ長く，額は充実し，両眼の間が広く，鼻梁は真っ直ぐで顎の張りのよいもの．眼は生き生きとして大きくよく澄んで温和に見えるもの．耳は大きさ中等で形質よく，やや前外方に向かって立ち付着のよいもの．口は広く，口裂深く，唇よくしまり，鼻鏡は広く，鼻孔の大きいもの
乳用種の特徴	34	45	鋭角的であると共に体質豊かで伸び伸びとしており，各部のつりあい移行がよく，雌ではくさび形に近いもの
均称・体積	10	12	体の各部よく発育し，頭，頸，駆幹及び駆肢のつりあいが良好で，体駆は広くかつ深く伸長し，体積の豊かなもの
前　駆	6	9	頸は長く優しく，雄ではやや強く，頭及び肩への移行のなめらかなもの．肩は伫着緊密で，適度に傾斜し，中駆への移行がなめらかなもの．き甲は鮮明で背への移行がよく，肩甲骨の上縁と棘状突起とで程よいくさび形をなすもの．胸は深く広く，胸前及び脇が充実し，前胸間の胸底が広いもの
中　駆	8	12	背は長く強く真っ直ぐで，棘状突起の著明なもの．腰は広く強く背と水平で，後駆への移行がよいもの．肩後は充実し，肋は深くよく開張し，肋間の広いもの．腹は深く豊裕でしまりがあり，下膁は深く充実したもの
後　駆	10	12	腰角は適度に表われ，腰角間の広いもの．尻は傾斜ゆるく，長く広く殆ど平らなもの．臀は坐骨間が広く充実したもの．腿は外側はどよく充実し，股間は広くて股裂の深いもの

表 12.1（続き）

区分	標点 雌	標点 雄	説明
資質	17	27	生き生きとして気品があり，体質強健でよくしまり，改良の進んでいることを示すもの
品位・性質	5	9	輪郭鮮明で品位に富み，性質温順でしかも活気があり，雌では優雅，雄では強壮な形質を具え，ともに悪癖のないもの
被毛・皮膚	6	8	被毛はむしろ短く，細くやわらかで光沢があり，皮膚はうすめで弾力とゆとりのあるもの
肢蹄	6	10	四肢の長さは体とのつりあいがよく，肢勢は正しく，関節及び筋骨は鮮明でよくしまり，繋強く，蹄は形質良好で歩様の確実なもの
乳器生殖器	35	10	乳器の形質良好でよく発達し，長年にわたる高い泌乳能力を表すもの
乳房の質	11	—	柔軟で弾力に富み，搾乳後の収縮のよいもの
乳房の容積・形状	15	—	容積は大きく，よく前後にひろがり幅広く，付着は広く強くて垂下せず，左右両区の対称がよく，きれこみの浅いもの
乳頭	6	6	形質良好で適度の太さと長さをもち，左右均等で間隔広く，付着がよく，雌では乳孔が適度で搾りやすいもの
乳脈	3	—	乳静脈は太く長く，屈曲して大きな乳窩に入るもの．乳房静脈は網状によく表われているもの
睾丸	—	4	発育正常で形質よく，付着が広く，適度に垂下しているもの
合計	100		

◎ 失格
1　大異毛色斑（クルミ大以上のもの及び著しい刺毛を含む）
2　「うるみ」の甚だしいもの
3　間性
4　陰睾
5　前二項の他繁殖能力に欠けるもの
6　雄の副乳頭及び雌の重複乳頭

また，肉用種は，産肉性，早肥性そして正肉歩留りを高める改良の結果，太い腿に肩部・臀部の張りがよく，どこから見ても箱型に近い体型となった．

審査においてどのような点が評価されるのか，日本ザーネン種山羊を例として表 12.1 にあげる．

12.3.5　審査委員

審査委員とは，規程および細則に基づいて登録の適否を審査する者のことで，官公署またはヤギ関係団体で 5 年以上ヤギに携わった者および飼育経験者で協会が開催する登録審査に係る研修を受講済みの者で，会長が委嘱した者をいう．

なお，審査は 2 人以上で行うこととし，そのうちの 1 人は飼育者であっても自己のヤギの審査をすることができる．　　　　　　　　　　〔羽鳥和吉〕

13. ヤギの疾病と衛生

13.1 健康管理と疾病

13.1.1 健康管理の基本

ヤギは飼料の利用性が高く，強健性に富む動物であるが，飼育環境の影響，不適切な管理，病原体の存在などによって，病気になることもある．早期発見，早期治療ができるように，あらかじめ病気に関する知識を持って日常の観察を密に行いたい．

13.1.2 消化器病

下記に述べる消化器病を抗生物質や駆虫薬で治療した後，第一胃の機能が回復するまでには，少なくとも1週間以上，場合によっては数週間以上を要する．第一胃内の微生物活動を促進するため，嗜好性のよい粗飼料を与え，健胃剤の継続投与や第一胃液の移植などを行う．最初，濃厚飼料の給与は控え，徐々に増加させていくことが必要である（「3.2 栄養生理」を参照）．

a. 胃腸炎

胃腸炎の原因は，不適切な飼料給与の場合とウイルスや細菌感染の場合がある．ヤギは草食の反芻動物なので，粗飼料の不足，穀類の過食，飼料の急変などは第一胃の機能を阻害する．第一胃の不調は，病原体への抵抗力を弱め，感染性胃腸炎も発生しやすくなる（子ヤギの胃腸炎は後述）．

発病ヤギは食欲不振，反芻の減少，糞便性状（硬さ，色および臭い）の変化，ときには腹痛症状（背中を丸める，立ち上がらない）などを示す．軽度の場合，整腸剤を与えたり，給与飼料を調節したりすることで回復するが，下痢による脱水や特定の病原体の場合には，1～数日で死亡することもある．慢性化する

と，栄養状態が悪くなり，他の病気を併発する．集団的に発生した場合や症状が長引く場合には，獣医師の診療を依頼すべきである．

b. 鼓脹症

第一胃内に過剰なガスが貯留した場合，横隔膜や血管が圧迫され，呼吸困難や循環障害を呈し，数時間で死亡することもある．通常，第一胃内で発生したガスは，食道を通って噯気（おくび）として排出されるが，ガスが発生しやすい発酵飼料を給与したり，無理な姿勢で食道からの排出が阻害されたりすると第一胃は膨満する．左腹部の斜め上方への異常な膨らみをみたら，ガス排出を促すよう前肢を高くして立たせたり，強制的に歩かせたりする．市販薬の消泡剤や植物油の経口投与を行うとともに，食道から第一胃へチューブを入れたり，緊急の場合には，体表から左腹部に針などを刺したりして，ガスを放出させる．再発しやすいので，処置後には飼料給与を控え，観察を密に行う．

c. 寄生虫症（線虫症，条虫症，コクシジウム症，肝蛭症など）

ヤギ，特に放牧ヤギの消化管内には，各種の寄生虫が存在する（表13.1）．少数の寄生では病害がみえにくいが，発育期の子ヤギや多数寄生の場合には，糞便の異常（下痢，水様便，血便など），貧血または栄養状態の悪化がみられる．1頭のヤギに病害がみられたら，同居個体にも寄生していると考えるべきである．条虫の場合，糞便中に虫体の一部がみえることがあるが，他の寄生虫では糞便を採取して，顕微鏡による虫卵検査をしないと確認できない．多くの寄生虫卵は，糞便とともに体外に排出され，野外で孵化し，草とともに子虫がヤギの口に入り，体内外で生活環が維持される．草地が寄生虫で高度に汚染されて

表 13.1 ヤギの寄生虫

	寄生虫	寄生部位	中間宿主
線虫類	捻転胃虫，オステルターグ胃虫	第四胃	—
	毛様線虫	第四胃，小腸	—
	乳頭糞線虫	小腸	—
	腸結節虫，鞭虫	結腸，盲腸	—
	肺虫	気管支	—
	指状糸状虫	脳脊髄	シナハマダラカなど
条虫類	ベネデン条虫，拡張条虫	小腸	ササラダニ
吸虫類	肝蛭	胆管	ヒメモノアラガイ
昆虫	シラミ，ハジラミ，ダニ	体表	—

いるときには，一定期間の休牧，採草または草地更新を行う．駆虫薬を投与する場合，寄生虫の種類により薬剤が異なるので，獣医師に糞便検査と駆虫薬の処方を依頼する．

d. エンテロトキセミア（出血性腸炎またはクロストリジウム症）

腸管内に少数常在するクロストリジウム属の細菌が，急激に増殖して毒素を産生し，出血性の腸炎を起こす．栄養状態の良好なヤギが突然元気消失し，死亡することもあり，外的なストレスや飼料の急変などが引き金になるとされている．発病したヤギの糞便や内臓には大量の病原菌が含まれるので，疑わしい死亡例のときには，当該ヤギの排泄物を除去し，消毒を行う．

13.1.3 呼吸器病

a. 感冒および気管支肺炎

ウイルスや細菌など病原体感染により，上部気道粘膜の炎症が起こり，発咳，鼻汁排出，発熱，食欲不振などの症状を示す．上部気道炎から重症化したり，パスツレラ菌やカビなどの感染では，気管支肺炎に至ったりする．寒冷，乾燥，塵埃などは呼吸器粘膜の抵抗性を弱めるため，本症に罹りやすくなり，秋から春にかけて，気候の変わり目に本症が発生しやすい．発病ヤギは病原体を大量に排泄するので，健康ヤギと隔離するのが望ましく，保温に努めつつ，畜舎の換気を行い，抵抗力を高めるために十分な栄養を与える．

b. 誤嚥性肺炎

液状物を飲ませたとき，誤って気管に入ると，誤嚥性肺炎を起こす．子ヤギの人工哺乳や液状の薬剤を経口投与するときには，頭部を固定し，嚥下の状況を確認しながら飲ませる．あまり口を持ち上げすぎると，気管に入ってしまい，むせることがある．むせたときには，いったん，投与を止め，無理に飲ませてはいけない．誤嚥性肺炎が疑われるときには，感染性の肺炎と同様の看護を行う．

c. 肺虫症

糸状肺虫が気管支や肺に寄生することで，肺炎症状を起こす．虫卵は喀痰中に検出されるほか，発咳により食道から消化管に入り，糞中に子虫が検出される．消化管寄生の線虫と同様の駆虫薬で予防することができる．

13.1.4 運動器と皮膚の病気

a. 四肢の骨折および外傷

ヤギは活発な動物であり，骨折や外傷が珍しくない．皮膚に傷があるときには，清潔な水で洗い，汚れがつかないようにガーゼなどで覆う．ただし，清潔が保てない場合には消毒を行い，なるべく患部を乾燥させ，化膿を防止する．

単純な骨折の場合，外傷の手当てをして，副木・テープなどで患肢を固定すると，1カ月ほどで骨折部位が癒合し，機能が回復する．

b. 腐蹄症（肢蹄不良または趾間腐爛）

特定の菌が蹄の内部に炎症を起こし，蹄冠部の腫れや歩様の異常を示す．ヤギは本症に比較的抵抗性があるが，蹄が不整形に伸びたり，畜舎床や放牧地が湿潤だったり，栄養的問題がある場合に発病する．定期的な削蹄は早期発見につながる．化膿，壊死した部分を切除，消毒し，同居ヤギとは分離飼育することが望ましい．感染の拡大防止には，病原菌に汚染された牧区を2週間程度空け，水飲み場などヤギの集まる場所に消毒のため，消石灰などを散布する．

c. 膿瘍および乾酪性リンパ節炎

頭部，頸部などの体表にクリーム状の膿が詰まった腫瘤（膿瘍）が生じることがある．体表の膿瘍が破れると，病原菌が拡散し，飼育環境を汚染する．コリネバクテリウム属菌による膿瘍は，血流やリンパ系を介して体内リンパ節や内部臓器に転移し（乾酪性リンパ節炎），体重減少や繁殖低下，と畜後の枝肉の部分廃棄処分などの経済損失を招く．同居ヤギへの蔓延を防ぐために，膿瘍の外科治療，抗生物質投与，飼育環境の清浄化，除角や去勢時の器具消毒を行う．

d. 外部寄生虫症

シラミバエやハジラミなどの外部寄生虫が体表に寄生すると，虫体の刺激や吸血によってヤギは痒みを感じ，ストレスを受ける．痒みが激しい場合，ヤギは常に落ち着かず，採食量が減り，体調を悪化させる．体を壁などに擦りつける行動や脱毛に気づいて，皮膚面をよく観察すると，数mmの虫体をみつけることができる．病害が明らかなときには，殺虫剤を体表に散布する．

13.1.5 全身性の病気

a. 腰麻痺（脳脊髄糸状虫症）

本来，ウシの腹腔に寄生する指状糸状虫が，カを介してヤギの体内に入り，

子虫が体内を移動するうちに神経組織を損傷した場合にふらつきや麻痺など運動障害の症状を示す．シバヤギやトカラヤギなどの在来種，韓国在来種黒ヤギ，ヌビアン種，ボア種などには抵抗性があるが，ザーネン種，トッケンブルグ種，アルパイン種などのヨーロッパ原産種では発病する．呼吸，体温，食欲など一般状態に大きな変化はないが，起立不能状態が続いて褥瘡（床擦れ）を生じた場合や採食・飲水が不十分な場合には，徐々に衰弱し，死に至る．早めの投薬で回復することもあるが，ふらつきなど後遺症が残ることもある．

発症予防には，カの発生期間に定期的に駆虫薬を投与する．ただし，泌乳中や肉用出荷予定のヤギには適用できない．夏季にウシからヤギを離して飼うこと，同居牛の駆虫を行うこと，媒介昆虫のカを駆除すること，ヤギにカが近づかないように忌避剤，蚊取り線香あるいは黄色灯を使うことは，腰麻痺予防に有効である．

b． 日射病および熱射病

ヤギは暑熱や渇きに強い動物であるが，盛夏には日射病や熱射病への注意が必要である．畜舎の風通しをよくし，放牧地では樹木や寒冷紗で日陰を用意したい．いつでも水が飲めるようにして，暑い時間帯の運動や輸送を避ける．体温・呼吸・脈拍の増加，痙攣，意識障害などの症状が現れたときは，涼しい場所に移し，風や水で頭部や全身を冷やし，可能ならば冷水を飲ませる．

c． 植物中毒，薬物中毒およびカビ中毒

放牧地において有毒植物（アセビ，レンゲツツジ，スズランなど）を採食した場合や誤って農薬や規定量以上の駆虫薬を与えた場合には，急性の中毒症状を示す（6.4 節参照）．カビを含む飼料では，急性や慢性のカビ毒の中毒も起こりうる．元気消失し，流涎，呼吸・脈拍の増加，目の充血などがみられ，嘔吐したり，口や鼻から泡を吹いたりすることもある．治療では，強心剤投与，解毒剤投与，点滴などを行うが，手遅れとなることが多い．事故が起こらぬよう事前にヤギの行動範囲（放牧地やヤギ舎内外）の安全点検を行いたい．

13.1.6 子ヤギの病気

a． 低体温症

子ヤギは体温調節機能が未発達であるため，低体温になりやすい．季節繁殖での分娩時期は寒冷期に当たり，母ヤギの看護や哺乳行動が欠けた場合，子ヤ

ギの体温は低下し，生存が危うくなる．難産などで母ヤギが疲労している場合や育児行動がみられない場合には，人手で子ヤギの体を乾かし，温かい初乳などを与える必要がある．体温が37℃以下ならビニール袋で体を覆い，全身を温湯に漬けて温める．衰弱している場合，腹腔内にブドウ糖液を注射し，水分とエネルギーを補給する．

b. 下痢症

子ヤギの下痢は，母乳の異常，不適切な人工哺乳，穀類や配合飼料の食べすぎが原因となることが多い．また，子ヤギの抵抗力は弱く，消化管内で乳自体が細菌増殖を助長し，成ヤギでは症状が出ないような病原体に対しても重症になりやすい．

子ヤギの下痢で一番気をつけなくてはいけないのが，脱水症状である．皮膚弾力の減少，眼球の陥没，皮膚温・体温低下の兆候があれば，水分と糖類・電解質の補給を要する．自力で飲めない場合には，チューブで強制投与するか，腹腔や血管への注射を行う．

予防には，初乳を十分に摂取させること，飼育環境を清潔で乾燥した状態に保つこと，母ヤギの健康状態をよく保つこと，哺乳器具の洗浄消毒を行うことなどが基本となる．

c. 臍帯炎

出生時，母ヤギとつながる臍帯は自然に切れるが，子ヤギ側の断端が汚染されると，臍部の炎症やさらには内臓への細菌感染が起こることがある．臍帯炎を防止するために，臍帯内部の血液を絞り出し，断端を消毒し，できるだけ早い時期に乾燥させる．乾燥した状態にならず，炎症を起こした場合，患部を洗浄し，消毒あるいは抗生物質の投与を行う必要がある．

13.1.7 妊娠・分娩期の病気

a. 流産・死産

妊娠中に母体側の要因や胎児側の要因で，偶発的な流産や死産が起こりうる．母体の栄養状態の悪化，腹部への圧迫，種々のストレスなどが流産の原因となるので，妊娠期，特に分娩近い時期は母ヤギが快適に過ごせるよう注意したい．もし，何頭もの流産が続いたときには，特定の病原体（サルモネラ菌，リステリア菌，アカバネウイルスなど多種）の関与が考えられるので，獣医師に連絡

する．流産胎児や胎盤などは適切に処理し，飼養場所の消毒を行う．

b. 膣　脱

老齢や運動不足のヤギでは，大きくなった妊娠子宮の圧力で，膣が反転して体外に脱出することがある．脱出した膣粘膜は充血し，赤い風船のようにみえる．早期に脱出部を洗浄して人の手で体内に還納すれば，正常分娩が可能である．放置すると，排尿障害や細菌感染で衰弱する．再発防止のためには，専用の器具（リテーナ）を装着したり，外陰部を縫合したりする．

c. 低カルシウム血症（乳熱または産後起立不能症）

分娩後の泌乳開始によって血中カルシウム濃度が過度に低下した場合，元気消失，体温低下，起立困難，意識障害が起こり，そのまま死亡することもある．乳熱が多発するような場合あるいは既往歴のあるヤギの予防には，以下のような対策を講ずる．

①分娩2～3週間前から，カルシウム給与を制限し，同時に低カリウム粗飼料を給与する．

②分娩2～3週間前から，高水分サイレージが利用できれば乾草の代替飼料として用いる．これは酸性飼料が血中の陽イオン・陰イオンのバランスを変え，結果として活性型ビタミン D_3 の分泌を促進するために効果がある（Underwood and Suttle, 2001）．

③分娩後に乳熱予防薬（カルシウム剤）を経口投与する．

発症した場合には，できるだけ早めに獣医師の診療を依頼し，カルシウム剤などの投与が必要である．

d. ケトーシス（双胎病，妊娠中毒症）

妊娠後期や分娩後に飼料摂取が減少すると，エネルギー不足から代謝異常を起こして体内にケトン体が蓄積し，一種の中毒状態となる．妊娠前期に内臓脂肪を蓄積したヤギや多胎または泌乳量の多いヤギで発生しやすい．食欲不振，元気消失などを示し，呼気や尿にアセトン臭がある．尿・血液・乳の検査でケトン体が検出され，血糖値が低下し，1～数日で死亡することもある．糖源物質（プロピレングリコールなど）の経口投与，解毒剤や糖類などの注射が必要である．予防には，交配期から適度な栄養状態を保つこと，妊娠後期から泌乳初期にエネルギー不足とならないよう嗜好性の良い粗飼料や穀類を適宜与えることなどがある．

e. 産褥熱

通常は分娩後数時間で排出される胎盤など（後産）や死亡した胎児などが子宮内に滞留し，腐敗することがある．また，分娩時の産道損傷から，細菌感染し，発熱する場合がある．妊娠中の栄養不良，難産，不適切な助産，不衛生なヤギ舎は要注意である．母ヤギの不調は，子ヤギの発育に影響するので，早めに抗生物質や解熱剤で治療する．

f. 乳房炎

乳房内に細菌などが侵入し，乳質の異常，乳房の腫脹・硬結，ときに発熱，食欲不振，元気消失を示す．乳房内で細菌が増殖している状態なので，子ヤギには吸乳させず，乳汁をできるだけ体外に排出するよう頻繁に搾乳する．搾乳した乳汁を適切に廃棄する．治療については，抗生物質を乳房内あるいは全身に投与し，症状に応じて消炎剤，補液剤，ビタミン剤などを投与する．

ヤギ舎内を清潔かつ乾燥した状態に保つこと，子ヤギへの授乳状況を確認すること（乳汁が長時間貯留することで炎症が起きる），衛生的に搾乳すること，母ヤギの健康状態を良好に保つことなどが，乳房炎の予防につながる．また，乳頭口の糜爛（びらん）や傷は，細菌の侵入を容易にするので，ディッピング剤で消毒し，保護するとよい．

13.1.8 伝染性の病気

細菌やウイルスなどを原因とする伝染性の病気のうち，重要な病気は法律（家畜伝染病予防法）により監視伝染病として規定されている．監視伝染病には家畜伝染病（法定伝染病）と届出伝染病があり，前者には淘汰する義務があるが，後者にはない．監視伝染病を発見した獣医師や，特定の症状に気づいた家畜所有者は，都道府県（家畜保健衛生所）に届け出る義務がある．ヤギの監視伝染病を表13.2にまとめた（農林水産省，2013a, b）．

a. ヨーネ病

ヨーネ菌による慢性腸炎と栄養不良を主徴とする病気である．ヤギでの発生は少ないが，ウシでは年間600頭ほどの国内発生があり，ウシからの感染に注意したい．糞便中にヨーネ菌が排出され，菌に汚染された飼料などで経口感染する．母ヤギからの胎内感染，乳汁感染もある．潜伏期間が長く，無症状で菌を排出している個体が汚染を拡大する．いまのところ，治療法はなく，糞便検

表 13.2 ヤギの監視伝染病

	伝染病名	病原体	国内ヤギでの発生状況
家畜（法定）伝染病	牛疫	牛疫ウイルス	発生なし
	口蹄疫	口蹄疫ウイルス	2010 年に 1 頭発生
	流行性脳炎	日本脳炎ウイルスなど	1960 年以降発生なし
	狂犬病	狂犬病ウイルス	1954 年以降発生なし
	リフトバレー熱	リフトバレー熱ウイルス	発生なし
	炭疽	炭疽菌	1963 年以降発生なし
	出血性敗血症	特定のパスツレラ菌	発生なし
	ブルセラ病	特定のブルセラ菌	1950 年以降発生なし
	結核病	結核菌	1956 年以降発生なし
	ヨーネ病	ヨーネ菌	2001～2010 年に毎年数頭の発生あり
	伝達性海綿状脳症	異常プリオン	発生なし
	小反芻獣疫	小反芻獣疫ウイルス	発生なし
届出伝染病	ブルータング	ブルータングウイルス	発生なし
	アカバネ病	アカバネウイルス	発生なし
	チュウザン病	チュウザンウイルス	発生なし
	類鼻疽	類鼻疽菌	発生なし
	気腫疽	気腫疽菌	発生なし
	伝染性膿疱性皮膚炎	オルフウイルス	発生なし
	ナイロビ羊病	ナイロビ羊病ウイルス	発生なし
	伝染性無乳症	特定のマイコプラズマ菌	2006 年 2 頭，2010 年 4 頭，2012 年 3 頭発生
	トキソプラズマ病	特定のクラミジア菌	発生なし
	山羊痘	山羊痘ウイルス	発生なし
	山羊関節炎・脳脊髄炎	山羊関節炎・脳脊髄炎（CAE）ウイルス	2002 年以降発生（4～47 頭/年）
	山羊伝染性胸膜肺炎	特定のマイコプラズマ菌	発生なし

農林水産省（2013a, b）より引用．

査や血清検査で診断された患畜は淘汰される．

b. 伝達性海綿状脳症（TSE）

異常プリオン蛋白質によって脳細胞の変性が起こり，痒み，運動異常など神経症状を示す病気である．ヤギの国内発生はないが，同様のプリオン病である牛海綿状脳症（BSE），羊スクレイピーについては発生例がある．異常プリオン蛋白質を含んだ飼料の摂取や患畜との同居で感染し，長い潜伏期（数カ月～数年以上）を経て発病する．生前診断は難しく，12 カ月齢以上で食用に屠殺したヤギと死亡ヤギは脳脊髄の検査が義務づけられている（2014 年 8 月時点）．

c. 口蹄疫

口蹄疫ウイルス感染による急性法定伝染病である．口腔内，舌，蹄部，乳頭

に水胞や糜爛が生じ，食欲不振や流涎，発熱などの症状がみられる．伝染力が非常に強く，感染拡大を防ぐために家畜の淘汰や移動制限が行われる．2010年に宮崎県で発生した際は，甚大な経済的・社会的損失が生じた．日本の周辺国では頻発しており，ウイルスの国内侵入を警戒しなくてはいけない．口蹄疫を疑う症状を見つけた飼養者は，家畜保健衛生所に連絡する義務がある．

d. 山羊関節炎・脳脊髄炎（CAE）

CAEウイルス感染により子ヤギに脳脊髄炎，成ヤギに非化膿性関節炎や乳房炎などを起こす．幼齢期に感染し，数カ月～数年の潜伏期を経て発病する．国内では2002年にはじめて確認されたが，その後の調査で感染ヤギが国内に広く存在すると推測される．出生直後の母子分離，初乳の加温処理（56℃30分保持），人工哺育などの防疫措置で清浄化が可能である．

e. 伝染性膿疱性皮膚炎（オルフ）

オルフウイルスの感染により子ヤギの口唇に丘疹，水疱，膿疱を生じ，吸乳や採食に支障をきたす．病性は重くないが，口蹄疫と類似した症状を示すので，鑑別が必要である．また，ヒトにも感染するので，病畜を扱うときには，手袋をするか，事後に手指消毒を行う．

f. 破傷風

土壌中の破傷風菌が傷口などから体内に入り，増殖して毒素を産生し，感染ヤギは全身硬直や痙攣を呈し，死亡する．子ヤギの除角，去勢などの傷から感染する場合があり，予防にはワクチンを使用する．

g. エルシニア症

エルシニア菌は腸内細菌の一種であるが，ヒトの食中毒の原因となることもあり，ヤギの腸炎・リンパ節炎を流行的に起こした事例が報告されている．通常は病害を生じにくい常在菌であっても，ヤギの免疫力低下，劣悪な衛生環境などで発病につながることがあるので，良好な飼養管理を心がけたい．

13.2 衛生対策

13.2.1 飼養衛生管理基準

家畜伝染病予防法に基づき，家畜の所有者・管理者が守るべき「飼養衛生管理基準」が定められている．2010年に発生した宮崎県での口蹄疫被害を受け

て，翌2011年にこの基準が大幅に強化された．伴侶動物としてヤギを飼っている場合でも，防疫情報の把握，適正飼養，異常時の通報などを遵守する義務があり，6頭以上飼養している場合，年1回，家畜保健衛生所に定期報告書を提出する．重大な伝染病の発生や蔓延を防ぐだけでなく，ヤギを健康に管理するために衛生管理区域の設定，外部からの立入制限と記帳，清掃・消毒の実施，密飼いの防止，導入家畜の観察など日常管理に反映したい．

13.2.2　予防接種と駆虫

　感染症の予防に対して，ワクチン接種が有効であるが，国内でヤギに使用が認められた製剤は，わずかしかない．他畜種で認められていても，ヤギにおける効果や副反応などが不確定であり，獣医師の判断を要する．

　また，寄生虫症予防の駆虫薬は，ヤギにも薬害が生じることがあるので，有効な薬剤を選択し，体重当たりの投与量を守ること，幼齢期・妊娠期はヤギの体調をみながら投与の可否を判断することも必要である．

　ワクチンも駆虫薬も獣医師の指示を必要とする薬剤であり，ヤギの健康と生産物を通じたヒトの健康を害さぬよう投与量，投与時期，投与方法などを順守する．

13.2.3　消　　　毒

　消毒とは，家畜に害を及ぼす微生物（細菌，ウイルス，寄生虫，カビなど）を殺して無害にする，あるいは害を及ぼさない程度にその数を減らすことである．消毒方法には，熱や紫外線，乾燥，洗浄による物理的消毒や，薬品による化学的消毒，発酵などによる理化学的消毒があり，目的や対象物，消毒効果，生体や環境への影響，コストなどを考慮して選択する．

　ヤギの病気を予防するためには，管理器具の洗浄消毒を励行し，ヤギ舎・飼槽・水槽など飼育環境を定期的に清掃し，消毒を行う．ヤギ舎消毒の基本手順は，①糞便・敷料の除去，清掃，塵埃・クモの巣の除去，②床・壁面などの水洗，③乾燥，④消毒薬散布である．棚，壁，柱，天井などに溜まった塵埃には病原微生物が付着し，空気中に舞い上がると，さまざまな病気を伝播する可能性があるので，こまめに除去しておく．

　消毒薬は薬剤の種類によって微生物への作用機序が異なり，殺菌効果は，温

表 13.3 消毒薬の種類と特徴

区　分	消毒薬の種類	特徴・注意点
フェノール類	クレゾール	菌蛋白を凝固し，広く作用．酸性側で効果が高い．毒性と刺激臭がある．有機物の影響を受けにくい
	オルソ剤	クレゾールと同様．コクシジウムオーシストに有効．ゴムや塩化ビニルを変性させる
ハロゲン化合物	塩素剤	すべての微生物に殺菌作用あり．抗酸菌，芽胞菌にも有効．有機物の存在で効力が低下しやすい．光線や高温で効力低下
	ヨード剤	塩素剤とほぼ同様．酸性で効力を発揮．皮膚刺激性が小さい．金属腐食性が大きい
界面活性剤	逆性石けん	殺菌力が強く，短時間で効力を発揮する．毒性，刺激性，金属腐食性が低い．アルカリ側で効果が強い．安定性に優れる
	両性石けん	逆性石けんと同様．蛋白と共存しても沈殿物をつくりにくい
アルカリ剤	消石灰	強アルカリで細菌・ウイルスに作用．有機物の影響を受けにくい．人体・畜体に炎症を起こしうる
	生石灰	消石灰と同様．加水すると高温を発する．水と混合し，石灰乳として使用できる
	水酸化ナトリウム	消石灰と同様．浸透性が高く，脂肪などの洗浄が可能．劇薬指定．逆性石けんに添加し，アルカリ化できる
その他	グルタラール製剤	有機物の影響を受けにくい．抗菌範囲が広く効果が強い．金属腐食性が低い．生体への刺激性が強い

度，濃度，酸アルカリ，有機物，水質などによって影響を受ける．一般的に，消毒薬の温度を上げる，消毒薬との接触時間を長くする，消毒薬と病原体をじかに接触させると，消毒効果が高くなる．逆に，低い温度や不適当な酸度やアルカリ度のとき，有機物・塩類・金属イオンの存在は，消毒効果を弱める．

消毒薬の容器には，推奨する希釈倍率や使用上の注意が記載されているので，よく読んで効果的に使用したい（表 13.3）．

13.3　放牧を前提とした衛生対策

13.3.1　放牧飼育と衛生対策

制御された放牧は動物側からみても，人間側からみても自然であり，ヤギの健康や環境の保全という観点から推進していく必要がある．同時に，肉用牛の場合であるが，周年放牧での子ウシ生産を畜舎飼育のものと比べると，その経費が1/3〜1/2といわれている．子ヤギの生産経費も放牧飼育で大幅に削減することが可能である．現在，わが国各地で耕作放棄地が増加しており，そこでヤ

ギを含めた家畜を放牧して低・未利用飼料資源を利用する飼育方法は，国土保全上もきわめて大きな課題である（15.2節参照）．

　家畜を放牧で健康に飼育するためには，放牧地で不足する栄養素を補給することが不可欠である．エネルギーや蛋白質の不足は，ヤギの発育や乳生産などに大きな影響をもたらすため，1頭当たりの放牧地面積を十分に確保することが必要となる．また，塩分の補給とともに，微量ミネラルの銅・亜鉛・セレン・コバルトなどはわが国の土壌には少なく，放牧で問題となる免疫力や酸化ストレスへの対応という点からも補給が不可欠である．微量ミネラルの給与には，市販の鉱塩ブロックを用いるのが容易である．

　放牧飼育では線虫，吸虫あるいは条虫などの内部寄生虫およびカ，ダニ，ヌカカ，ハエなどの外部寄生虫の感染とそこから発生する疾病がヤギに大きな被害をもたらす．西南暖地や夏季の放牧ではダニの被害が，大きな問題となる．特に，近年の地球温暖化の影響でいままでみられなかった各種害虫が北上しているといわれている．

　内部寄生虫対策には定期的な駆虫薬投与が有効であるが，残念ながらわが国内ではヤギ用に認可されていない．ウシなどの家畜について国内外で認可されている駆虫剤を表13.4に示した．薬事法の特例として獣医師の処方による薬剤使用が可能であるが，生産物の安全性を確保するために，十分な出荷制限期間を守る必要がある．駆虫薬以外の寄生虫病対策として，寄生虫の生態を踏まえた対策を講じることも大事である．吸虫類はカタツムリが中間宿主で，カタツムリは湿気のある土壌を好んで生息している．このため，雨上がりとか朝露のある状態あるいは湿気の多い場所では，放牧を制限して感染機会をできるだけ少なくする工夫が必要である．線虫も湿潤な状態の草地を避けることで，感染機会を減らすことができる．寄生虫卵で汚染された放牧地は，放牧を一時中止するなどの対応が必要である．可能であれば放牧地の牧草や野草を収穫してサイレージ調製（カビの発生を抑制するためにpH 4.1以下が望ましい），あるいは乾草調製して3〜4カ月間保存した後に給与すれば寄生虫の被害が少なくなる．また，体内に寄生虫が生息していても，栄養の良好な個体は無症状で，栄養状態が悪い個体では病害が出やすい．ヤギ側の抵抗力を強化する意味で，放牧中も補助的に配合飼料を給与するなど，良好な栄養状態を保つことが求められる．

表13.4　海外で使用されている駆虫薬（一部，日本国内で販売あり）

成分名	駆虫の対象	投与方法	推奨投与量	備考
チアベンダゾール	消化管線虫	経口	体重1kg当たり44mg	
オクスフェンダゾール	消化管線虫	経口	体重1kg当たり5～10mg	
モランテル	消化管線虫	経口	体重1kg当たり10mg	日本ではブタで認可
フルベンダゾール	内部線虫	経口	体重1kg当たり5～20mg	日本ではウシ・ブタ・ウマで認可
レバミゾール	内部線虫	経口	体重1kg当たり8～12mg	日本ではウシ・ブタ・ニワトリで認可
モキシデクチン	内部線虫・外部寄生虫	経口	体重1kg当たり0.2～0.5mg	日本ではイヌで認可
	内部線虫・外部寄生虫	皮膚投与	体重1kg当たり0.5mg	日本ではウシで認可
イベルメクチン	内部線虫・外部寄生虫	経口	体重1kg当たり0.2～0.4mg	日本ではウシ・ブタで認可
	内部線虫・外部寄生虫	皮下注射	体重1kg当たり0.2mg	
	内部線虫・外部寄生虫	皮膚投与	体重1kg当たり0.5mg	日本ではウシで認可
ドラメクチン	内部線虫・外部寄生虫	皮下注射	体重1kg当たり0.3～0.4mg	日本ではウシ・ブタで認可
フェンベンダゾール	内部線虫	経口	体重1kg当たり5mg	日本ではブタで認可
	条虫	経口	体重1kg当たり15mg	
プラジクアンテル	条虫	皮下注射	体重1kg当たり0.1mL	日本ではイヌ・ネコで認可
		経口	体重1kg当たり10～15mg	
アルベンダゾール	肝蛭	経口	体重1kg当たり7.5mg	
トリクラベンダゾール	肝蛭	経口	体重1kg当たり5～15mg	日本ではウシで認可
モネンシン	コクシジウム	飼料混合	飼料1t当たり20g	
デコキネート	コクシジウム	飼料混合	体重1kg当たり0.5mg	
アンプロリウム	コクシジウム	経口	体重1kg当たり5～40mg	
トルトラズリル	コクシジウム	経口	体重1kg当たり20mg	日本ではウシ・ブタで認可

　わが国では，降水量が多くて放牧地の水溜りや湿潤地は寄生虫や細菌の増殖地となるために，土や砂を入れたり，明渠や暗渠方式で排水を促進したりして放牧地の乾燥状態を保つことが望まれる．

13.3.2　哺乳・育成と衛生管理

　ヤギの放牧を円滑に行うためには，まず健康な子ヤギを育成することが前提となる．海外の肉牛育成では，子ウシを放牧地で育成する場合，濃厚飼料を給

与しないで離乳時の目標体重を設定している場合がある．わが国の場合は，放牧地の制限などからこのような育成方式は困難で，今後の課題である．

子ヤギの育成に当たって重要なことは，まず初乳の摂取である．

①出生後24時間以内に子ヤギに初乳を十分に吸飲させることである．

②もし母ヤギの初乳が不足して吸飲しないとか，母ヤギが子ヤギに初乳を与えない場合は，母ヤギの初乳を搾乳し，41℃に加温して与えることが必要である．

③母ヤギの初乳が不足して子ヤギが吸飲できない場合，乳用牛などの凍結した初乳を41℃に温めて給与することも選択肢の1つである．乳用牛の初乳も子ヤギへの免疫グロブリンの供給源として十分に効果を発揮する．

④多頭数でヤギを飼育している場合には，子ヤギが初乳を哺乳したかどうかがわかりにくい場合があるため，出生した子ヤギの全頭に乳用牛などの初乳を給与することも1つの方法である．

⑤乳牛等の初乳が入手できない場合は，市販の子ウシ用の初乳製剤を利用することも選択肢の一つである．ただし，飼料安全法の改正によりウシ用飼料にはヤギに与えてはならない成分が含まれていることがあるため，初乳製剤についても確認しておく必要がある．

子ヤギに初乳が与えられない場合，離乳までの死亡率が高くなり，肉用牛などでは死亡率が25％にもなることがあるようである．子ヤギの初乳摂取とその後の母ヤギの授乳期間中には，母ヤギの十分な乳量が確保されるように飼養管理を行う．放牧地の場合，飼料の補給も必要となることがある．

次に，出生後1カ月間に哺育・育成が円滑にいくこと，すなわち子ヤギの体重増加が大事である．最初の1カ月で出生時体重の2～3倍以上となれば，その後の育成過程は比較的順調である．双子や三つ子の場合，母ヤギからの哺乳量は限られてくる．このため，母ヤギの授乳量を増加させるために飼料を通じた栄養補給が不可欠であり，同時に子ヤギに代用乳（粉ミルクを温水で溶かしたもの）や人工乳（保育用の配合飼料）を給与することも必要となる．

出生後1カ月間，初乳を十分に摂取していれば母乳の免疫グロブリンの効果が強いため，感染症に罹りにくい．このため，この時期に子ヤギを母ヤギとともに放牧育成を行って放牧に馴致させ，各種感染源に対する抵抗力を保持させることも放牧育成の課題である．周年放牧条件下の肉用牛では，その子ウシが各種疾病に罹りにくいといわれている．ただ，子ヤギは，6週齢くらいになる

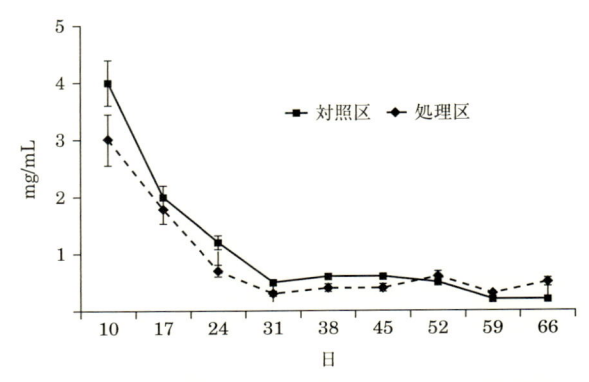

図 13.1 子ヤギでの対照区と菌体免疫賦活処理区の血漿中 IgG 濃度の変化
(Morales-delaNueza *et al.*, 2009 より引用)
図中の縦線は標準誤差を示す（$n = 40$）.

と母ヤギから与えられた受動免疫，すなわち血中のγ-グロブリン濃度（図 13.1）が減少して各種感染症に罹りやすくなる．この頃が，子ヤギの放牧育成で最も重要な時期となる．

　この対策の1つとして，離乳前から子ヤギにデンプン源を含む各種発酵混合飼料を少しずつ給与することがあげられる．これは子ヒツジで経験した例であるが，その方法によって軟便や下痢の発生が減少する．これに関しては，近年，注目されてプロバイオティクスの給与効果が，発酵飼料の給与で生じているものと考えられる．発酵混合飼料は地域の低・未利用飼料資源を用いても調製が可能である（「6. ヤギの飼料」参照）．ポイントとしては，混合飼料の水分含量を 50〜60％に調整することが望ましい．水分含量が高いと，発酵が過度になって子ヤギが採食しない場合があるためである．発酵混合飼料の給与は，揮発性脂肪酸を供給することになり，これは反芻胃の粘膜上皮細胞と筋層の発達を促進し，反芻動物としての機能を早期に獲得することにつながる．早期に放牧飼育に馴致させるためにも効果的である．

　また，放牧地で子ヤギの育成を行う場合，同じ放牧地に固定するのではなく，放牧地を 4〜5 カ所に分割し，5〜7 日間隔で順番に放牧する輪換放牧が望ましい．これは内部寄生虫をもったヤギがいると，それが他のヤギへの感染源となるからである．この場合，駆虫剤を投与した後に次の放牧地に移動させると，そこでの寄生虫感染が低下する．汚染された放牧地は，放牧を中止している間

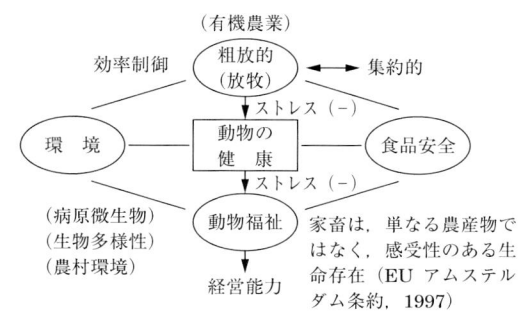

図 13.2　EU における動物の健康とその関連模式図（飛岡改変原図）

に寄生虫の増殖が抑制されて清浄化されてくる．

　以上に述べたように，放牧飼育には様々な課題があるが，図 13.2 に示したように，家畜の放牧はストレスの少ない飼育方法であるとともに，動物の健康と福祉，環境の保全，食品の安全性にも貢献できる．また，先に述べたように，放牧飼育はヤギの飼育経費を削減でき，経営的にも評価できる．世界的には反芻家畜のウシ，ヤギ，ヒツジなどの放牧は日常的で，EU などでは繁殖豚や産卵鶏の放牧も広範に行われている．ヤギは除草家畜（「3.5　除草家畜としての利用」参照）として有用であり，放牧地での放牧飼育とともに，他の作物，果樹，樹木などと組み合わせた放牧形態を展開することが望まれる．

〔白戸綾子・飛岡久弥〕

参 考 文 献

平　詔亨・藤崎幸蔵・安藤義路（1995）：家畜臨床寄生虫アトラス，チクサン出版社．
Matthews, J.G. (1999)：Diseases of the Goat, Blackwell Science.
Morales-delaNueza, A., Castroa, N., Moreno-Indiasa, I., Justea, M.C. Sánchez-Macíasa, D., Briggsa, H., Capoteb, J., Argüello, A. (2009)：Effects of a reputed immunostimulant on the innate immune system of goat kids. *Small Rumin. Res.*, **85**：23-26.
農林水産省（2013a）：家畜伝染病発生累年比較（1934-2012），http://www.maff.go.jp/j/syouan/douei/kansi_densen/pdf/h24_ruinen_kachiku_130417.pdf
農林水産省（2013b）：届出伝染病発生累年比較（1937-2012），http://www.maff.go.jp/j/syouan/douei/kansi_densen/pdf/h24_ruinen_todoke_130417.pdf
農林水産省家畜改良センター（1999）：家畜飼養に必要な消毒マニュアル．
Pugh, D.G. (2002)：Sheep & Goat Medicine, W.B. Saunders Company.
Underwood, E.J. and Suttle, N.F. (2001)：The Mineral Nutrition of Livestock, p.88-90, CABI Publishing.

14. ヤギ生産と環境問題

14.1 有畜複合農業における位置づけ

　アジアモンスーン地帯の農村では，水田を基盤とした有畜複合型の農業が伝統的に営まれ，その中でウシ，スイギュウ，ブタ，ニワトリ，アヒル，ヤギなど多様な家畜が地域にある未利用資源を活用する形で飼養されてきた．これに対し，わが国の畜産は戦後の農業近代化の中で，ウシ，ブタおよびニワトリの飼養に特化し，その飼養管理の集約化ならびに飼養頭羽数の増大を推し進めてきた．その結果，われわれの食卓には各種畜産物（肉，卵および乳製品など）が安定的かつ安価に供給されているものの，飼料の大半を輸入に依存した畜産経営は非常に不安定であり，多くの生産者が農地への還元許容量をこえた多量の家畜排泄物の処理に苦慮しているのが現状である．

　ヤギの魅力は，強健で，粗食に耐え，小型で取り扱いやすく，特別な施設を必要としない点にある．そして，ヤギは乳や肉を生産し，糞を恵んでくれる．用畜（乳肉毛皮の生産），役畜（除草・灌木除去），さらには糞畜として非常に優れた家畜であるにもかかわらず，わが国では，ヒツジやウマとともに"特用家畜"として位置づけられている．確かに，ヤギの飼養頭数は1957年のピーク時の乳用種と肉用種を合わせた約76万頭（沖縄県を含む）から現在は3万頭前後まで落ち込んでいる（藤田，2007）．しかしながら，ヤギは牧草に比べ，栄養的に劣る野草も十分飼料利用することができ，しかも多くの種類の植物を採食する．畜産の基本は，われわれ人間の食糧と競合せず，むしろヒトが利用できない資源を飼料利用し，各種生産物（乳肉卵，毛皮，糞など）を供給することにある．輸入飼料に依存したわが国の畜産に将来的な展望がみえない今，改めてヤギの持つ魅力が再認識されつつある．

萬田（2000）は1998年に開催された第1回全国山羊サミットの中で長野（1999）が提唱したヤギ飼養の魅力のいくつかを次のように紹介している．
1. 熱帯，寒帯，湿地帯，乾帯などに適応し，世界のどこでも飼える．
2. ウシに比べて小規模に出来る．
3. もと畜が安価である．
4. 牧草から木，残渣まで幅広く食べる．
5. おとなしくて管理しやすい．

こうしてみると，わが国の農村は，ヤギの飼養に非常に適しているといえる．たとえば，水田では，稲作の期間中，3～4週間に1回，畦草刈りが行われ，刈り取られた野草は焼却もしくは放置される（図14.1）．作物生産は雑草との戦いと表現されることもある．しかし，1950年代には全国各地の河川敷や水田畦畔にヤギが繋牧され，野草は貴重な飼料資源として利用されていた．河川敷，水田畦畔（図14.2），草刈りが大変な急傾斜地（図14.3），林地，果樹園，遊休地，休耕地など農村にはヤギを飼養できる空間が数多くある（中西，2005）．

つまり，ヤギを1～2頭飼育すれば，これまで廃棄されていた野草や作物残渣が飼料となり，ヤギから生産された乳や肉は食用として利用できる．そして，ヤギ糞は肥料として農地に還元される．農地を単なる作物生産の場としてとらえるのではなく，畜産も含め多面的に利用し，資源を効率よく循環させるのが有畜複合農業の魅力であり，畜産物の自給，農村における家畜の復権，さらには世界の食料危機を救う可能性をヤギは持っている．

図 **14.1** 草刈り後，野草を焼却した水田畦畔（髙山撮影）

図 14.2　除草のため，水田畦畔に繋牧されたヤギ（髙山撮影）

図 14.3　急傾斜法面におけるヤギの除草利用（髙山撮影）

14.2　糞尿処理

　わが国の畜産においては，輸入飼料に依存する形で多頭羽飼育が行われており，日々，多量に出る家畜糞尿はゴミのように扱われ，その"処理"が重要な課題となっている．しかしながら，家畜の糞尿は本来，植物にとって貴重な肥料源であり，土づくりにも欠かせないものである．エサの種類や飼養条件によ

り変動するものの，体重 30 kg の小型ヤギは 1 日当たり原物重量で 500〜800 g の糞と 0.5〜2.0 L の尿を排泄する（髙山と中西，未発表データ）．自給用家畜として位置づけられるヤギは，よほど多頭飼育をしない限り，その糞尿処理が問題になることはない．ヤギは貧農にとって，"糞畜"としての役割を果たしてきた歴史がある．ヤギ飼養では，排泄された糞尿を敷料とともに堆肥化して，"処理"するのではなく，むしろ積極的に"活用"すべきである．

図 14.4 はヤギ糞と牛糞の水分含量を比較したものである．同じ反芻家畜であるウシの糞の水分含量が 80〜90％ であるのに対して，ヤギ糞のそれは約 45％ と低く，粒状で取扱いが容易である（図 14.5）．ヤギ糞の化学成分については，C/N 比が 20.6，乾物当たりの窒素含量が 1.9％，リン含量が 0.7％ およびカリ含量が 0.9％ であり，穀物飼料主体で飼養される肥育牛よりもむしろ粗飼料主体の繁殖牛の糞に近い値を示す（表 14.1）．沖縄では，肉用ヤギの糞を堆肥化し，1 kg 当たり約 200 円で販売しているケースもあり，ヤギ糞施用により高品質の

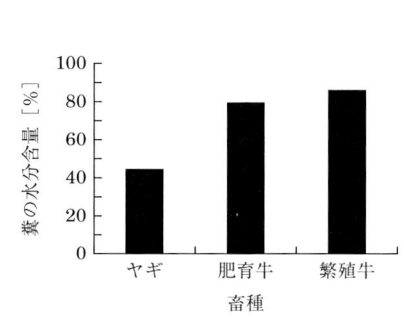

図 14.4 ヤギ糞と牛糞の水分含量（髙山と中西，未発表データ）

図 14.5 ヤギ糞の外観（粒状で取り扱いが容易）（髙山撮影）

表 14.1 ヤギ糞と牛糞の化学成分

畜　種	C/N 比	N	P	K
		—乾物中％—		
ヤギ	20.6	1.9	0.7	0.9
肥育牛	17.2	2.2	1.8	2.5
繁殖牛	21.2	1.9	1.3	1.4

髙山と中西（未発表データ）．

果樹や野菜が生産できるとの声も聞かれる（中西，2005）．しかしながら，ヤギ糞施用による作物および果樹生産への効果は未解明であり，今後，効果の再現性と科学的な裏づけが望まれる．

14.3 環 境 問 題

同じ草食家畜であるウシに比べ，ヤギは粗食に耐え，辛抱強く，採食する草の種類が多く，樹木の葉，芽および小枝も好んで食べる．また，小型で取扱いが容易であるため，昔からヤギは"貧農の乳牛"と呼ばれ，家畜の中で重要な位置を占めてきた．大航海時代には，貴重な動物性蛋白源として，船に積み込まれ，途中立ち寄った島々に放されていった．放たれた島々で，ヤギは類まれな生命力を発揮し，新たな環境に適応した．

ところが，飼育者の管理不行届きにより野生化し，野ヤギとなってしまい，植生破壊につながっている事例が散見される．わが国島嶼地域の一部では，野生化したヤギの群れが植生を破壊し，その結果，島固有の動植物に悪影響を与えたり，土壌流亡を引き起こしたりすることが大きな問題となっている．小笠原諸島では，1970年代以降，銃器などによる野ヤギの駆除が進められ，現在，有人島である父島（本島）以外の島々ではほぼ根絶されている（川村，2012）．図14.6は鹿児島県の薩南諸島にあるトカラ列島中之島でヒトが飼育していた

図 **14.6** トカラ列島中之島の野ヤギ（中央と左端）（髙山撮影）

ヤギが逃げ出し，野生化したものである．また，鹿児島県の奄美大島においても，2006年以降，人里から離れた野ヤギが急増し，海沿いの崖や森林の植生を破壊している．野ヤギの増加は特別天然記念物であるアマミノクロウサギの餌資源（草本植物）を奪い，島固有の貴重な植物種に被害を及ぼし，その結果，海へ流出した土壌がサンゴ生態系に悪影響を与えている．植生破壊および土砂流出の結果，灯台に隣接する海上保安庁のヘリポートが崩落するまでの事態となり（図14.7），野ヤギによる被害が甚大であることが判明した（奄美哺乳類研究会，私信）．その後，奄美大島の世界自然遺産登録（2013年に暫定リスト入り）に向けた準備を進めるため，地元関係者が地道な努力を重ね，奄美市を含む5市町村が連携して内閣府に「奄美自然保護と食文化継承特区」の指定を申請した．その結果，2010年に野ヤギを「狩猟鳥獣」に追加する国の構造改革特別区域に指定され，狩猟期間中であれば特別な許可がなくとも捕獲できることとなった（環境省自然環境局野生生物課，2010）．これにより野ヤギ駆除と捕獲されたヤギの食肉利用が期待されている．

わが国におけるヤギの飼養頭数が低迷する中，世界的にみると途上国を中心にその飼養頭数は増加傾向にある（萬田，2000；藤田，2007）．これには，すでに述べたとおり，食性の幅が広く，低質な草も飼料利用することができ，特別な施設を必要とせず，環境適応力が高いことが理由としてあげられる．その一方で，ヤギ飼養の拡大と地球環境破壊との関連も指摘されている．年々，拡大する砂漠化については，ヤギの過放牧が一因としてあげられている．内モンゴルや中国の乾燥地帯では，カシミヤ増産によるヤギの飼育頭数の急激な増加

曽津高埼灯台とそれに隣接する海上保安庁の
ヘリポート

植生破壊および土砂流出による
ヘリポートの崩壊

図14.7　鹿児島県大島郡瀬戸内町（奄美大島）における野ヤギ食害状況（中西撮影）

が植生を破壊し，砂漠化の拡大をもたらすことが懸念されている．さらに，地球温暖化に関しては，温室効果ガスの1つであるメタンの発生量の37％が畜産由来であり，その多くがヤギを含む反芻家畜の消化器官から排出されたものであるとFAO（2006）が報告している．したがって，新飼料資源の開発においては，飼料価値の向上だけでなく，環境負荷の低減を勘案し，メタン生成を抑制することが課題である．

このように，ヤギは作物残渣や農場副産物の利用，除草・灌木除去などによってヒトの食糧と競合せずに植物中の炭素や窒素成分を乳や肉などの動物タンパク質に変換し，人類を養う重要な家畜である反面，その管理が不十分な場合には，身近な自然環境，さらには地球環境を破壊する側面を持ち合わせていることから，"諸刃の剣"であることを忘れてはならない．

〔髙山耕二・中西良孝〕

参 考 文 献

FAO（2006）：Livestock a major threat to environment. URL: http://www.fao.org/newsroom/en/news/2006/1000448/index.html〔2013年1月15日参照〕

藤田　優（2007）：新版特用家畜ハンドブック（新版畜産ハンドブック編集委員会），72-105，畜産技術協会．

環境省自然環境局野生生物課（2010）：「国際希少野生動植物種の追加及び削除について」及び「構造改革特別区域内においてノヤギを狩猟鳥獣とすることについて」に関する中央環境審議会答申について（お知らせ）．http://www.env.go.jp/press/press.php?serial = 12532〔2010年5月28日参照〕

川村　修（2012）：世界自然遺産，小笠原諸島で垣間見た野生化ヤギについて．全国山羊ネットワーク会報「ヤギの友」，**27**：40-44．

萬田正治（2000）：新特産シリーズ　ヤギ　取り入れ方と飼い方　乳肉毛皮と除草の効果，農山漁村文化協会．

中西良孝（2005）：ヤギ．畜産の研究，**59**：3-8．

長野　實（1999）：山羊を見直す─全国山羊サミット（2）─今，なぜ山羊なのか─．畜産の研究，**53**：259-266．

15. ヤギをめぐる最近の研究と課題

15.1 ヤギの行動生態学

本節では，ヤギをめぐる最近の研究動向として，特にヤギの行動生態学的研究について紹介する．まず，行動生態学という分野に馴染みが薄い読者のために行動生態学とは何かを概説し（15.1.1 項），次に，ヤギの飼育管理技術に役立てるための行動生態学的研究について，主に放牧における食草行動に関する研究（15.1.2 項）と舎飼いにおける摂食・休息行動と施設との関係に関する研究（15.1.3 項）に分けてそれぞれ紹介する．

15.1.1 行動生態学とは

Krebs and Davies（1981）が提唱した行動生態学を簡単に説明すると，「動物の行動様式を適応度や包括適応度を高めるといったその究極的機能面から解析することで，その動物種の生息環境に対する適応戦略を明らかにする」という目的について，経済理論に基づく「最適理論」と「ゲーム理論」の2つの概念から達成しようとする学問分野と考えられる．つまり，動物の行動，生態および姿かたち（表現型）を自然淘汰や性淘汰などの適応進化という観点から理解する学問であり，動物行動学，進化生態学あるいは社会生物学と到達目標がほぼ同じである（日本生態学会，2012）．「最適理論」とは，動物がある行動をするかしないか，もしくはどこでその行動をするかといった何らかの意思決定をする場合，その決定は行動に要する出費（cost）と結果的に得られる利益（benefit）との収支（つまり，純利益に相当）を最大にするように進化してきたという仮定に基づいて結果を検証するアプローチである．

たとえば，ある動物種が生息域内に不均一に分布する餌を探して摂食する場

合，ある餌場（資源が空間的に不均一に分布する場合，資源が固まって存在する場所のことを生態学ではパッチ（patch）と呼ぶ）での摂食をいつ止めて次のパッチに移動するのがその動物にとって「最適」であるかを理論モデルから検証するのである．パッチにきた当初では，餌が豊富に存在するので，採餌効率（この場合，摂食速度であり，純利益に相当）は高いが，時間が経過するに伴い，餌の量は減少するため，結果的に採餌効率は低下していく．逆に，短時間で次々とパッチを移動すると，パッチ当たりの採餌効率は最大化できても，パッチ間の移動時間（出費に相当）が増加するため，全体での採餌効率はやはり低下する．つまり，この場合の最適理論モデルでは，あるパッチでの摂食速度が生息地全体での平均摂食速度まで低下したときに次のパッチに移動するのが最適となる．採餌行動の最適理論のことを特に「最適採餌理論」と呼び，この例のように，最適パッチ間移動を達成する閾値を仮定する理論を「限界値理論（marginal value theory：MVT）」あるいは「限界値の定理（marginal value theorem：MVT）」と呼ぶ（Krebs and Davies, 1987）．実際の観察結果をこれら理論モデルから予測される値と比較し，一致する場合には，その動物種のパッチでの採餌行動は仮説どおり「摂食速度を最大化」する方向で決定されていると判断され，一致しない場合には，理論モデルに出費や利益として含まれていない新たな制限因子を追加した理論モデルを構築・検証する．このような手続きを繰り返すことで，「なぜそのように行動するのか」といった究極機能に関する疑問に対しての定量的な検証が可能となるわけである．

　餌の分布状況と採餌行動のように，個体で完結する個体維持行動については，おおむねこのような「最適理論モデル」で結果を説明できる場合があり，「効率重視」によってその行動が進化してきたことが類推できる．一方，同種個体間で発生する社会行動や性行動など相手があって成立する行動については，相手の行動も結果に影響するので，「自身の効率性」のみでは進化しないことになる．この場合には，進化的安定戦略（ESS）と呼ばれる複数の行動戦略が一定の割合で共存することが進化的に最も効率的となる．

　ESS の現象を説明する理論として「ゲーム理論」がよく用いられ，「ハト派とタカ派のゲーム」が有名である．資源をめぐって個体間に闘争が生じる場合，常に戦って資源を確保しようとする「タカ派」が群内に多い場合には，タカ派同士が闘争する場面が増えて傷つくことによるコスト（出費）も増大すること

から，このような群では，ディスプレイのみで実際の闘争を避ける「ハト派」が相対的に有利となり，群内でのハト派の割合が増加するよう進化する．逆に，ハト派が多い群内では，タカ派はハト派から多くの資源を奪うことができ，タカ派どうしが闘争して傷つく場面も少なくなることから，群内でのタカ派の割合は増加していくことになる．結果的に，群内での両者の割合はある一定の比率で進化的に安定することになる．この「ハト派とタカ派のゲーム」によるモデルからは，出費/利益（この例では，闘争により傷つくリスク/獲得資源による利益）によって ESS となる両者の割合（平衡点）が決定され，闘争により傷つくリスクが大きい，または獲得できる資源量が少ないなどで出費/利益の比が大きい場面では，よりハト派の割合が多い方向に平衡点が移動し，逆に，出費/利益の比が小さい場面では，よりタカ派の割合が多い方向に平衡点が移動することが示される．つまり，平衡点となる割合を知ることによりその場合の闘争による出費と利益がどの程度かをモデルにより相対的に推定することができる．

　これらの理論に基づくモデルの設定は，実際の動物の生息環境や行動に当てはめるには単純すぎるという欠点はあるものの，仮説の設定・検証を容易にし，制限因子（つまり，理論モデルに出費や利益として計上されていない要因）を洗い出すことを可能とするという点では，1つの有効な研究アプローチである．つまり，「行動生態学」とは，新たな学問分野というよりも経済理論に基づいた「最適理論」と「ゲーム理論」という道具を用いた研究手法と理解される．詳細については成書が邦訳されているので，そちらを参照していただくとして，以下では，家畜，特にヤギの飼育管理に関係する行動生態学的研究例を紹介する．

15.1.2　放牧における食草行動

　上記の Krebs and Davies（1981）が述べた「最適採餌理論」は，もともと，木の実や花の蜜を餌とする鳥類や昆虫で検証されてきたモデルであり，餌となる植物が空間的に連続して存在する状況下での草食動物には適用が困難と考えられてきた．しかし，Senft *et al.*（1987）はさまざまな植物が存在する自然環境下では，草食動物が質的および量的に好んで摂食する植物は，やはり空間的に不連続に存在することから，草食動物の採餌行動にも最適採餌理論の適用が可能であると考え，前肢を動かさずに口が届く範囲内での採餌行動から，移動

や休息行動を挟んだ日単位での採餌行動まで，空間・時間スケールに応じた採餌行動の階層化を提案した．この提案以降，放牧条件下における草食家畜の食草行動が行動生態学的視点で精力的に研究され始め，足を動かさないバイト（草の嚙みちぎり動作と嚙みちぎったその草を咀嚼する動作）の集合体である feeding station（FS）レベルおよび FS の集合体であるパッチレベルでの食草行動が研究されてきた．その結果，反芻家畜では瞬間摂食速度（instantaneous intake rate：IIR）がほぼ最大になるようパッチレベルでの集中的な飼料選択が行われ，パッチ上での IIR はバイトサイズ（またはバイトマスと称し，「ひと嚙み当たりの量」のこと）とバイトに要する時間（これはさらにバイトサイズとは関係のない嚙みちぎりに要する時間およびバイトサイズに比例するものの，草種によって異なる咀嚼に要する時間に分けられ，この2つが反芻家畜にとって制限要因となり得る）の関数であること，栄養生長期の草地でのバイトサイズと IIR は主に草高と嵩密度といった要因で決定され，成熟期の草地でのバイトサイズは茎や枯死部のように反芻家畜が好まない部位の存在に影響されること，バイトサイズと IIR は草地の生育段階にかかわらず，単位面積当たりの緑葉部量に大きく左右されること，バイト当たりの時間は茎や枯死部からの緑葉部の選り分けやすさ（選択しやすさ）に影響されることなどが明らかとなり（Baumont et al., 2000），反芻家畜においても植物側要因，すなわち植生に応じて最適採餌に基づいた食草行動が採用されていることが確認された．

一方，体重に対してルーメンが相対的に大きく，ルーメン内滞留時間が長いウシなどの大型反芻家畜に比べ，ヒツジやヤギといった小型反芻家畜では，ルーメン内滞留時間が短いため，繊維含量の高い飼料を十分に消化できず，細胞内容物含量の高い飼料を摂取する採餌戦略に依存しており（Milne, 1991），IIR を最大化する必然性は家畜種によって異なることが予想される．ヒツジやヤギの食草行動について総説した Baumont et al.（2000）も，ヒツジの食草行動を上記の MVT に基づくモデルで予測した場合，予測よりも長いパッチ滞在時間を観察した結果が存在することや，摂食速度が速いクローバーを十分に摂取できる条件であっても，1日当たりの摂取量の30％を満たすためにわざわざ移動してイネ科草を摂取することなど，採餌効率（摂食速度）の最大化だけではウシほどうまく行動を説明できない点を指摘している．加えて，ヤギは隣接したペレニアルライグラスとシロクローバーの単一草地において，摂食速度が速い

傾向があるシロクローバー草地と摂食速度が遅い傾向があるペレニアルライグラス草地でヒツジと比べ，より均等に食草する（Penning et al., 1995；1997）ことから，採餌効率の最大化の必要性はヤギでさらに低い可能性が示唆される．この食草行動における畜種間差はおそらく乾燥や山岳地帯という草本資源の乏しい環境で進化したヒツジやヤギの適応戦略なのであろう．

　同時に，Baumont et al.（2000）は反芻家畜の1日当たりの摂取量の大半（60〜80％）を占める集中的な食草（main meal）が最適採餌理論に基づいて行われたとしても，それ以外の食草行動は最適採餌以外の要因が大きいことを指摘している．具体的には，1日という時間尺度では，嗜好性の日内変動パターン，養分バランスおよび飼料のルーメン内での充満度やその滞留時間といった消化的制約がmain meal以外の食草行動の決定に関与することを示唆し，実際の草地管理や放牧管理に役立てるためには，日内の食草行動の経時的変化を加味した詳細な解析が必要であることを指摘した．加えて，移牧や遊牧のように管理者が1日の食草行動を制御する場合，ヒツジやヤギの食草行動の日内変動パターンをもとに，「飼料探索による移動コスト」を管理者が効率的に代替し，かつ1日当たりの摂取量を最大化する放牧順路（ヒトのコース料理のような食事メニューになぞらえたきめ細かな放牧方法）の設定例を時間帯と草種・草量に応じて具体的に提案している．したがって，集約的であるか否かを問わず，適切なヤギの放牧管理を行うためには，行動生態学的な観点からの行動の解析が必要であり，今後の情報蓄積が望まれる．

15.1.3　舎飼いにおける摂食・休息行動と施設

　元来，野生動物で確立された行動生態学的手法が，家畜においてまず自然状態に近い放牧時の食草行動研究に適用されたのはある意味当然であった．しかし，上述したように，これら食草行動の研究では，畜種ごとの食草行動の特徴をその適応戦略上の意義から説明することはできても，実際の管理技術にまで応用できた例は少なく，ヤギでは前掲のBaumont et al.（2000）による遊牧時の放牧順路設定への提案くらいのものである．

　一方，舎飼い条件下では，近年，ノルウェーのAndersen et al.（2006）が出費/利益に基づく行動生態学的理論が単調な高密度飼育という集約畜産方式における飼育管理に応用できる可能性を提案した．具体的には，従来の資源獲得

の最大化のみならず，集約畜産方式で問題となる要因（他個体との敵対行動，空間分布行動およびこれらの要因による福祉的葛藤レベル）を含め，その総和としての利益を最大化するように行動するという理論モデルを作成し，これがブタにおける飼槽の空間的制限および群サイズの増加に伴う摂食・敵対行動の変化の説明に適用可能であることを例示した．集約畜産方式下での福祉を保証するための管理技術を確立することは，近年の重要な研究課題であることから，この行動生態学的観点からの研究の提案はきわめて重要と考えられる．この提案以降，上掲のAndersenやスイスのAschwandenの研究一派が，舎飼いヤギやヒツジ群において資源（飼料と休息場所）確保の際に発生する敵対行動を緩和するための施設を行動生態学的理論に基づき，精力的に考案している（Andersen et al., 2006；Bøe et al., 2006；Andersen and Bøe, 2007；Jørgensen et al., 2007, 2009；Aschwanden, 2009a, b; Ehrlenbruch et al., 2010；Nordmann et al., 2011）．

　集約畜産方式下でのヤギは高密度飼育のため，本来の社会空間行動（個体間距離を維持する行動）が発揮できず，飼槽や休息場所の確保をめぐって劣位個体に不利益（資源獲得上も福祉上も）が生じる．行動生態学の「ゲーム理論」によれば，闘争により得られる餌や休息場所の質（Ehrlenbruch et al.（2010）によれば，ヤギは房内の壁際を休息場所として好む）が同等であれば，闘争への出費が増えるほど敵対行動（特に，傷つくリスクのある物理的敵対行動）は減少する（つまりタカ派は減少する）．そこで，敵対行動にかかわる出費を増加させる方策として，給餌場所において飼槽前に隔柵や踏み台を設置したり，摂食中，首が容易に抜けず，隣接個体に対して攻撃できない斜傾隔柵を設置したりして，攻撃に費やすエネルギーをあえて増加させることによる敵対行動の減少と摂食時間の増加が試みられている（Aschwanden et al., 2009a, b；Nordmann et al., 2011）．Aschwanden et al.（2009a）はヤギ群において草架前に踏み台または隔柵を設置することでいずれも敵対行動を減らし，摂食時間を増加させている．踏み台へ飛び上がることと隔柵を回り込むことには同じくらいのエネルギーを費やさなければならないため，結果的に敵対行動を減少させたことについて出費/利益の最適理論に基づき，説明している．なお，踏み台設置の効果については，水平方向にスペースを与えるよりも垂直方向にスペースを与えたことによるものと考察している．それゆえ，ヤギの場合，管理者

が二次元的にスペースを与えるよりも三次元的にスペースを与える方が優劣個体間の「棲み分け」が成立しやすいもの（ヤギが高所を好む習性に起因）と思われる．これは第4章の「4.2　行動管理」で指摘したように，放牧時のヤギは植物に対する摂食域を平面的に広げるだけでなく，立体的に広げることも可能であり，飼料資源を三次元的に利用する習性（広範な食性）を持つことに通じる．つまり，食性の幅が広いとは，平面的に多種類の植物を食べることに限局するのではなく，後肢立ちで木本類の高所にある樹葉，新芽や小枝を摂食するという垂直方向への広がりを包含している．したがって，舎飼いにおいても放牧時と同様，飼料資源や休息場所を立体的・三次元的に利用するヤギ本来の習性を発揮できるような豊かな飼育環境の付与（環境エンリッチメント）を勘案した施設の工夫が必要である．上掲のAshwanden et al.（2009a）の研究では，踏み台よりも隔柵の方がやや効果的としているが，給餌場所が狭い場合や横長の飼槽（草架）が設置できない場合には，立体的に競合を緩和するような工夫（人為的に優劣個体を棲み分けさせる）が必要であり，その場合，踏み台の方が効果的かもしれない．なお，行動展示で知られる北海道の旭山動物園では，ヤギの飼育場所において草架を平地に設置するだけでなく，平均台に似た高台にも草架を設け，個体どうしが互いに離れて採食する（棲み分けさせる）よう工夫している．

休息場所においても，飼育密度を一定にしたヤギ房内に階段付きの踏み台（高さ0.8 m）または間仕切り（高さ1.2 m）を設置することで敵対行動の減少と劣位個体による休息時間の確保が試みられている（Andersen and Bøe, 2007; Ehrlenbruch et al., 2010）．これらの研究でも敵対行動を減少させる効果は確認されたが，その効果は敵対行動にかかわる出費の増加というよりもヤギ房内施設の構造的変化に付随した視覚遮蔽効果とみられている．また，Bøe et al.（2006）やAndersen and Bøe（2007）はヒツジとヤギの休息行動の違いについて，畜舎内に隔柵を設けた場合，両畜種ともその近くで横臥休息する傾向があるものの，前者が全観察時間の70%を隣接個体と近接して横臥休息するのに対し，後者ではそれがわずか5%にすぎない（互いに体を寄せ合うことを好まない）という興味深い知見を得ている．これはヤギがヒツジと異なり，独立独行的であり，他の個体とあまり近接したがらないこと（Lyons et al., 1993）と関連している．この点もヤギの行動的要求として重要であり，ヤギ房におい

て休息場所や隔柵などの配置を考案・設計する際に配慮すべき点である．

　これらヤギの行動に関する最近の一連の研究は，行動生態学が応用動物行動学，家畜行動学，家畜管理学などの発展に寄与する注目すべき実用研究の例と考えられる．野生動物で確立された行動生態学的研究手法が，今後は集約畜産の家畜福祉の改善にも役立てられるであろう．

　従来，ヒツジとヤギはさまざまな面で似ており，行動や生態もほぼ同様であると考えられてきたが，詳しく解析すると，上述したように，両者の行動特性はかなり異なるため，畜種に応じた群管理が必要である．ヒツジと比べてヤギに関する行動研究は少ないこと（Rutter，2002）から，後者の群管理技術が確立しているとは言いがたく，今後，ヤギの行動特性を解明するとともに，ヤギ独自の群管理技術を開発することが課題である．　　　〔安江　健・中西良孝〕

参 考 文 献

Andersen, I.L., Nævdal, E., Bøe, K.E., Bakken, M.（2006）：The significance of theories in behavioural ecology for solving problems in applied ethology-Possibilities and limitations. *Appl. Anim. Behav. Sci.*, **97**：85-104.

Andersen, I.L. and Bøe, K.E.（2007）：Resting pattern and social interactions in goats-The impact of size and organisation of lying space. *Appl. Anim. Behav. Sci.*, **108**：89-103.

Aschwanden, J., Gygax, L., Wechsle, B., Keil, N.M.（2009a）：Loose housing of small goat groups：Influence of visual cover and elevated levels on feeding, resting and agonistic behaviour. *Appl. Anim. Behav. Sci.*, **119**：171-179.

Aschwanden, J., Gygax, L., Wechsler, B., Keil, N.M.（2009b）：Structural modifications at the feeding place：Effects of partitions and platforms on feeding and social behaviour of goats. *Appl. Anim. Behav. Sci.*, **119**：180-192.

Baumont, R., Prache, S., Meuret, M., Morand-Fehr, P.（2000）：How forage characteristics influence behaviour and intake in small ruminants：a review. *Livest. Prod. Sci.*, **64**：15-28.

Bøe, K.E., Berg, S., Andersen, I.L.（2006）：Resting behaviour and displacements in ewes-effects of reduced lying space and pen shape. *Appl. Anim. Behav. Sci.*, **98**：249-259.

Ehrlenbruch, R., Jørgensen, G.H.M., Andersen, I.L., Bøe, K.E.（2010）：Provision of additional walls in the resting area— The effects on resting behavior and social interactions in goats. *Appl. Anim. Behav. Sci.*, **122**：35-40.

Jørgensen, G.H.M., Andersen, I.L., Bøe, K.E.（2007）：Feed intake and social interactions in dairy goats-The effects of feeding space and type of roughage. *Appl. Anim. Behav. Sci.*, **107**：239-251.

Jørgensen, G.H.M., Andersen, I.L., Bøe, K.E.（2009）：The effect of different pen partition configurations on the behaviour of sheep. *Appl. Anim. Behav. Sci.*, **119**：66-70.

Krebs, J.R. and Davis, N.B. (1981)：An Introduction to Behavioural Ecology, Blackwell Scientific Publications. J.R. クレブス, N.B. デイビス (城田安幸・上田恵介・山岸　哲訳) (1984)：行動生態学を学ぶ人に, 蒼樹書房.

Krebs, J.R. and Davis, N.B. (1987)：An Introduction to Behavioural Ecology, 2nd ed., Blackwell Scientific Publications. J.R. クレブス, N.B. デイビス (山岸　哲・巌佐　庸訳) (1991)：行動生態学, 原書第2版, 蒼樹書房.

Lyons, D.M., Price, E.O., Moberg, G.P. (1993)：Social grouping tendencies and separation-induced distress in juvenile sheep and goats. *Dev. Psychobiol.*, **26**：251-259.

Milne, J.A. (1991)：Diet selection by grazing animals. *Proc. Nutr. Soc.*, **50**：77-85.

日本生態学会編 (2012)：行動生態学, 共立出版.

Nordmann, E., Keil, N.M., Schmied-Wagner, C., Graml, C., Langbein, J., Aschwanden, J., Hof, J.V., Maschat, K., Palme, R., Waiblinger, S. (2011) Feed barrier design affects behaviour and physiology in goats. *Appl. Anim. Behav. Sci.*, **133**：40-53.

Penning, P.D., Orr, R.J., Parsons, A.J., Harvey, A., Newman, J.A. (1995)：Herbage intake rates and grazing behavior of sheep and goats grazing grass or white clover. *Analles de Zootechnie*, **44**：Suppl. 109.

Penning, P.D., Newman, J.A., Parsons, A.J., Harvey, A., Orr, R.J. (1997)：Diet preferences of adult sheep and goats grazing ryegrass and white clover. *Small Rumin. Res.*, **24**：175-184.

Rutter, S.M. (2002)：The Ethology of Domestic Animals：An Introductory Text (P. Jensen ed.), p.145-158, CABI Publishing.

Senft, R.L., Coughenour, M.B., Bailey, D.W., Rittenhouse, L.R., Sala, O.E., Swift, D.M. (1987)：Large herbivore foraging and ecological hierarchies. *BioScience*, **37**：789-799.

15.2　耕作放棄地等の植生管理

15.2.1　耕作放棄地等の条件に対応した放牧方法の選択

　わが国の耕作放棄地の増加は以前に比べて鈍化したものの, 2010年度の農林業センサスによるその面積は 39.6万 ha であり, すでに森林・原野化した土地も含めた場合, 48.2万 ha に達すると推計されている (農林水産省, 2012). これらの土地への対策として, 家畜の放牧による植生管理が普及しつつある. 耕作放棄地の管理の面から, ヤギの特性をあげてみると, ①食性の幅が広く, ウシやヒツジが好まない野草, 雑草, 樹葉, 樹皮, 有棘植物, 灌木なども食べるが, 草高が低いシバ類は苦手である, ②ウシに比べて小型で, 敏捷性と平衡感覚に優れ, 急斜面も気にせず, 歩行による表土の崩壊も少ない (ただし, 小型であることから, 踏圧による草の抑制効果は少ない), ③飲水量が少ない, ④ヒツジほど臆病ではなく, 単独の繋牧も可能である (ただし, できれば複数が望

ましい）などがある．

　平地の場合，特に牧柵の設置が容易で，面積に応じた頭数が確保できる場合には，牧柵を設置して放牧する．形が細長かったり，複雑で，牧柵の設置が困難であったり，頭数が少なかったりする場合には，固定または可動式の繋牧で少しずつ移動させる．灌木，ササ類，竹，樹木，蔓性の野草などが多いところでは，繋牧用のロープが絡まったりすることがあるため，注意が必要である．

　斜面や法面などの傾斜地の場合，同じところを頻繁に歩かれると裸地化し，そこから土砂流出，浸食または崩壊が生じる危険性がある．繋牧する場合，裸地化する前に早めに移動し，同じ場所を長く利用しないようにする．ただし，繋牧中に転倒した場合に「首つり」状態になり，窒息や鼓脹症で死亡することがあるため，繋留の位置やロープの長さに注意が必要である．放牧地の傾斜が強くなると，ウシは水平方向にしか歩かず，一定間隔の裸地（ウシ道）ができるが，ヤギは縦方向や斜め方向にも頻繁に移動するため，"ヤギ道"はできにくい．ただし，縦方向に牧柵を設置すると，それに沿って移動してしまい，縦方向のヤギ道ができ，そこから浸食する危険がある．したがって，縦方向に牧柵を設置せざるを得ない場所では，崩れないように砂利やバラスを敷いて補強するか，縦方向を避け，可能な限り斜め方向に牧柵を設置するなどの工夫が必要である．また，頻繁に利用される水場や避難小屋などは平らな部分に設置するようにする．

　ヤギはウシが食べない草や樹木も食べてその生育を抑制し（図 15.1），さら

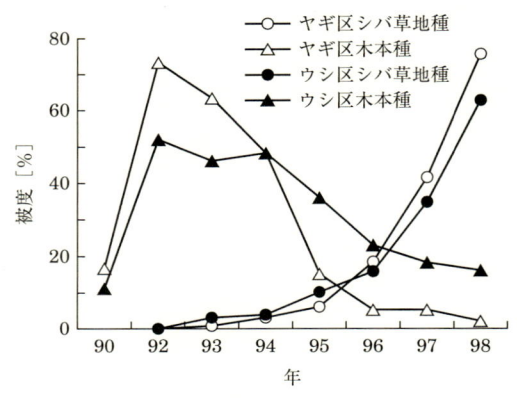

図 15.1 ウシ放牧区とヤギ放牧区の木本類とシバ草地由来草種の各被度合計の推移（福田，2001 より引用）

表 15.1 放牧地内外のススキとワラビの草丈 [cm] (的場ほか, 2003)

調査日	ススキ		ワラビ	
	放牧区	禁牧区	放牧区	禁牧区
6/10	21.2	133	67.3	67.6
7/16	93.2	166.5	93.0	99.2
12/22	52.4	194.3	78.1	110.7

に樹皮までも食べて木を枯死させてしまうことがある．果樹など食べられては困る樹木がある場合には，周りを柵で囲むなど防護するか，繋牧する．また，高いところにある樹葉や蔓性植物を食べる場合，牧柵に前肢をかけて倒されることがあるため，そのような場所に用いる牧柵には補強が必要である．有毒植物については放牧する前に除去しておきたいが，馴れたヤギであれば通常，それらを食べ残す．しかし，放牧後に刈り払うなどしないと，それらの植物が繁茂優占してしまう（表 15.1）．ワラビ，セイタカアワダチソウ，ヨモギなど地下茎で栄養繁殖する雑草については刈払いで駆除することはできないので，注意を要する．

15.2.2 獣害対策としての緩衝帯におけるヤギの放牧（ゾーニング）

全国的にサルやイノシシなどによる農作物被害が多発している．さまざまな被害対策がとられてきた中で，野生動物が生息する里山と畑，樹園地または水田との境界域を緩衝帯で分断することが有効であるとわかってきた．緩衝帯の草を人力で刈り取ることは労働負担が大きく，住民の高齢化が進んでいる中山間地集落では困難である．

a. ヤギによる雑草管理と野生獣の侵入防止効果

福井県山間部の池田町では，イノシシによる被害が大きいため，町が補助金で電気牧柵（以下，電気柵）の購入費を助成してきた．1993 年に池田町へ移住して就農した G 氏一家は 2005 年からヤギの飼育を始めて，現在は約 40 頭のヤギを飼育している．電気柵を利用して水田の畦畔，林地あるいは河川敷に搾乳ヤギを移動放牧しながら乳を搾り，ヨーグルトやチーズに加工して販売している．下草をヤギが採食し，ヤギがいることによってイノシシの侵入が少なくなり，作物の被害はきわめて軽微になった．

滋賀県では，サルが出没するブドウ園の外周に放飼場を設けて実験を行った

結果，サルが侵入しようとするとヤギはサルのほうへ寄っていき，ヤギが近づくとサルは逃げることから，放飼場からのサルの侵入がみられなくなった．

b. 緩衝帯（バッファゾーン）の防護柵

野生獣の被害が多いのは中山間地であり，積雪の多い地域もある．沢山の重い資材を運搬して防護柵を設置するよりも，軽量で設置作業や移設作業が容易な電気柵を活用したい．対象とする害獣によって電気柵の設置に工夫が必要である．

15.2.3 ヤギの具体的な放牧方法

a. ヤギの繋牧

繋牧は特別な牧柵資材を要せず，地形を選ばずにどこでも簡単・安価に実施できるのが利点である．

ヤギを自宅敷地以外に繋牧する場合，1頭では隔離ストレスを感じたり，鳴いたりするので，2頭を一緒にするとよい．ただし，雌雄で繋牧する際には，雄ヤギには去勢ヤギを使用する．

1） 繋牧の方法 回転式繋牧は回転できるような金具（輪状）を杭や支柱に取り付けてロープやチェーンを結ぶことで杭や支柱を中心とする同心円内の狭い範囲を採食させ，草がなくなったら移動させる方法である．なお，土が柔らかかったり，雨で湿っていたりすると，支柱を打ち込んだだけではぐらついて抜けてしまう場合があるので，グラつき防止策を図る．

可動式繋牧は杭（または支柱や立木）と杭の間に8 mm程度のワイヤーを張り，それに繋留ロープ（またはチェーン）を取り付けて杭間を自由に移動できるようにした方法であり，杭は強く固定する必要がある．ただし，ワイヤー両端の杭に近い所にストッパーをつけてロープが杭に絡まないようにする．ストッパーの位置（杭までの距離）をロープの長さ以下にすると，ロープが杭に絡まる危険性があるので，注意が必要である．

2） 繋牧時の注意 事故が起きないように注意書きの看板を用意する．看板には連絡先を必ず記載しておくことが必要である．水，鉱塩，庇陰施設などの詳細については畜産技術協会（2012）の除草管理マニュアルを参照する．

b. 固定牧柵（以下，固定柵）による定置放牧

1） 固定柵の資材と特徴 住宅地に近いところでは，電気柵ではなく，木

製の柵としたり，建築資材として市販されている太めのワイヤーメッシュ（目合い 15×15 cm）としたり，ホームセンターで売られている獣害防止用ネットとしたりして放牧する．いずれもしっかりした支柱を深く打ち込むとともに，ヤギは前肢をかけて体重を乗せたり，1 m 程度の高さではジャンプして脱柵したりすることもあるので，強度を維持することが重要である．ヤギ・メンヨウ専用のワイヤーネットは 50 m 巻で約 2 万円と高価であるため，初期投資が大きいが，放牧地の追い込み柵やヤギ舎周辺の運動場には適している．

2）　高張力鋼線（針金）の電気柵による定置放牧　　高張力鋼線を用いた電気柵も定置放牧に使用される．高張力鋼線は耐久性が高く，長年同じ場所に固定して放牧する恒久柵であるが，コーナーポストやゲート部には強固な支柱を設置する必要がある．

3）　放牧するうえでの注意点（放牧するヤギは除角し，雄は去勢する）　　ヤギの角は生後 2 週間以内に生え始めるので，角根部を電気除角器で焼いて除角しておくとよい．有角ヤギは群の中で頭突きで相手にケガをさせたり，ワイヤーメッシュやワイヤーネットに頭を入れて抜けなくなってしまったりして，さまざまな事故の原因となる．

c. 電気柵による移動放牧

電気柵は設置や移動が簡単で，広範囲に点在する放牧地の移動放牧に適している．電源は家庭用配電線からとることもでき，自動車用バッテリーや太陽光

図 **15.2**　電気牧柵を用いたヤギ放牧（今井撮影）

パネル電源から供給することもできる．電気柵の管理で重要なことは最下段に草が触れて起こる漏電と電線の緩みである（図 15.2）．導電式防草シートを敷いたところに電気柵を設置して草の伸長を抑えて漏電防止を図る方法もある．

1）　電気柵への馴致　　運動場の固定柵の内側に 3～4 段の電線を張り，ヤギが 3～4 日間に何回か接触して感電すると，電線が危険であることを学習し，それ以降，近づかないようになる．なお，飼育者が強制的に電線に触れさせると，人間に対する恐怖感をヤギに植えつけてしまい，その後の捕獲や誘導などの管理作業に支障をきたすため，避けるべきである．

2）　放牧ヤギの捕獲と誘導　　定置放牧と異なり，電気柵を 2 セット用意すれば，ウシの移動放牧に倣い，放牧地が 2 つに離れている場所でも，耕作放棄地などの草生管理が可能になる．その場合には，放牧しているヤギ群を集合させ，捕獲することが容易でなければならない．

日頃から放牧中のヤギの群れに入って餌づけをしたり，ブラッシングしたりすることで，ヒトに近寄ってくる習慣を植えつけるとよい．また，ヤギの群れには必ずリーダーが出現するので，リーダーを調教する（ヒトへの警戒心をなくし，十分に慣れさせる）ことも有効である．放牧地のゲートに軽量で運搬できる誘導柵を用いると便利である．

d.　放牧ヤギの健康管理

1）　有毒植物の除去　　畑や果樹園として利用した跡地では，園芸植物が残存している場合もある．たとえば，スイセン，彼岸花，ツツジ，南天，イチイ，月桂樹およびシャクナゲなどの草花や草木の他にヨウシュチョウセンアサガオやヨウシュヤマゴボウなどの外来雑草にも注意して除去する必要がある．

2）　青草と群への馴致　　舎飼いで乾草主体の飼料を給与されていたヤギが，急に放牧に出されるとルーメン内の微生物が青草に対応できずに下痢や食滞を起こすことがある．2 週間前くらいから青草への馴致を行うことで消化不良を起こさせないようにする．また，放牧するヤギはあらかじめ運動場で群れとして慣れさせておくことも必要である．

3）　衛生対策　　放牧前に寄生虫駆除を行う．放牧中はよく観察し，下痢，軟便および食滞などの体調不良を早期に発見することが重要であり，原因を把握して迅速に処置することで放牧中のヤギの損耗を防ぐことができる．下痢の場合は脱水症状にならないように給水に注意し，必要な場合には，整腸剤と栄

養剤を経口投与する．

腰麻痺対策としてはイベルメクチン製剤を定期的に処置するが，搾乳中のヤギには使用できないので，異常を発見したら，ただちに獣医に相談する．

熱中症にならないよう庇陰施設を用意することや水分補給に注意する必要がある．

4）注意喚起用看板の設置　放牧ヤギに無用な接触をしないこと，有毒かどうかわからないものを食べさせないこと，電気柵に注意すること，飼い犬を放さないことなど何かあったときの連絡先についてわかりやすく書いた看板を設置することが必要である．〔的場和弘・今井明夫〕

参 考 文 献

畜産技術協会（2012）：山羊とめん羊を用いた除草管理のためのマニュアル．
福田栄紀（2001）：ヤギや牛の放牧が森林伐採跡の植生変化に及ぼす影響．日草誌．**47**(4)：436-442．
今井明夫監修（2011）：ヤギと暮らす，地球丸．
家畜改良センター（2002）：ヤギの飼養管理マニュアル．
的場和弘（2002）：遊休農地の管理・利用と山羊飼養マニュアル．近畿中国四国農業研究センター．
的場和弘・吉川節子・野中瑞生・長崎裕司・川嶋浩樹（2003）：遊休・放棄された棚田でのヤギの放牧 1．植生の変化．日草誌．**49**(別)：191．
農林水産省（2012）：http://www.maff.go.jp/j/nousin/tikei/houkiti/pdf/kouhyou5.pdf
山中成元（2008）：ヤギを利用した猿害対策，滋賀県獣害対策マニュアル．

15.3　学校教育におけるヤギ飼育とアニマルセラピー

15.3.1　生活科授業におけるヤギ飼育

1992（平成4）年から本格的に実施された生活科は，具体的な活動や体験を重視しており，これは小学校低学年児童の発達特性に配慮して，一人一人の気付きを大切にしながら，児童にやる気と自信を持たせることを重要視している．

a．生活科が目指すもの

現行の「指導要領」では，生活科の教科目標は次のようになっている．ア）具体的な活動や体験を通して，イ）自分とのかかわりで身近な人々，社会及び自然に関心を持ち，ウ）自分自身や自分の生活について考えさせるとともに，エ）そ

の過程において生活上必要な習慣や技能を身に付けさせ,オ)自立への基礎を養う,という構成である.

b.「生きる力」を育てる

近代化が進められてきた現代社会では,人工的,閉鎖的な生活環境に支配されている中で,「自然の中に生きている生物」の一部である自分を認識することが少ない.上越教育大学の木村（2004）は子供の生活世界の中に「自己形成空間」を再生させることが重要であり,そのために,①多様な「経験」の回復,②心身の一元的な発達,③共同性の回復をすべきだと指摘し,「生きる手立て」を身に付けることが必要であると強調している.

c. 生活科における家畜飼育の意義

「生命尊重の教育」として動物飼育の意味は大きく,飼育動物の分娩,子育て,病気,死などの体験から「いのちのつながり」や「いのちの尊さ」を学ぶなど理科（生物）的な側面よりもさらに深い情操教育もしくは道徳を学ぶ場が提供できる.

学校飼育動物の現状をみると,小動物は人が一方的に管理する理科的な観察動物の側面が主体であるのに比べて,ヤギの飼育は「気付き」の頻度が高く,知的興味を誘発する.そこから調べや相談に発展し,「自発的な学びの姿勢」が生まれてくる.さらに,仲間や教師,保護者と「協働」して問題を解決しようとする児童の社会性を育てることにもつながる最適な教材である.

d. ヤギ飼育の事例にみる子供の心の発達

上越市立S小学校では通年して小学校でヤギを飼育している.春に入学した雌の子ヤギが大きくなり,10月に雄ヤギを迎えて結婚式をした.大雪の中を保護者や地域の協力を得て冬越しして翌春に子ヤギが誕生した.これは1年間ヤギの世話をしてきた児童への最大のプレゼントである.児童は作文にしたり,絵に描いたり,さまざまな表現方法で自分の感動を人に伝えようとする.

【K君の作文から】 ぼくとラッキーが大人になったことが3つあります.ひとつめはぼくがみんなと話して考えて行動したことです.2つめはラッキーがおなかのなかで,赤ちゃんをそだてていることです.3つめはみんなが先生にたよらずに自分たちでやれるようになったことです.

(自己の成長の認識)

【Yさんの作文から】 今日はラッキーのいのちと血をもらいました.ラッキー

の食べたものが血となって子ヤギのためのミルクになるのです．そのミルクを分けてもらってホットケーキを作りました．ラッキーのところへ行きありがとうと言ってみんなで食べました．　　　　　　　（生命尊重の理解）

15.3.2　総合的学習における家畜飼育の意義

a．総合的学習の目標

2002（平成14）年から本格的に導入された総合的な学習の時間の目標は，ア）横断的・総合的な学習や探究的な学習を行うこと，イ）自ら課題を見つけ，自ら学び，自ら考え，主体的に判断し，問題を解決する資質や能力を育成すること，ウ）学び方やものの考え方を身に付けること，エ）問題の解決や探究活動に主体的，創造的，協同的に取り組む態度を育てること，オ）自己の生き方を考えることができるようになることの5つの要素で構成されている．

b．ヤギ飼育と総合的学習の視点

低学年の生活科におけるヤギ飼育活動から発展して総合的学習では，「自分たちの食と健康」「地域の中の生き物のつながり」「動物の再生産（繁殖）とそのいのちを食する人間」「いのちの連鎖（大地→植物→動物→人→大地）」「環境問題と世界の食糧」など内容がさまざまであり，総合的な学習の課題設定は可能である．しかし，「主体的な学び」にするためには，児童自ら課題を見つけるような動機づけが重要である．人間が植物を改良して「作物化」し，野生動物を「家畜化」することで定住生活へ進化したことを理解できる児童たちが，現実の自分たちの食料がどの国で生産されて，どのような流通経路で食卓に並んでいるかを知ることはきわめて重要な学びである．

日本の食料自給率が低いことや膨大な量の食品廃棄物の問題，そして日本が輸入している食料や穀物飼料が経済的に貧しい発展途上国の子どもたちの栄養や健康を奪っている事実を知り，日本人の食料の約60％と家畜飼料の大部分の双方を輸入に依存しているわが国の農業のあり方はこれでよいのかと問うことも必要である．

c．総合的な学習の事例

①柏崎市立H小学校の5年生は総合的な学習のためのオリエンテーションとして「家畜から学ぶ世界の食料と農業と環境」の授業を行った．低学年のときにヤギ飼育を体験してきた児童たちは生命の源が食べ物であり，食用作物の栽培

図 15.3 いのちの循環

を中学年で体験学習している．高学年になって家畜と畜産物がどのように生産されているかを知りたいということがきっかけで世界の食料事情を学ぼうということに発展していった．

② 三条市立 S 小学校では 1～2 年生が生活科でヤギの飼育を行っているが，生徒数が少ないので，各学年が順番に昼休みに小屋掃除をしている．3～4 年生の総合学習では作物を栽培したり，収穫したり，調理したりする中で作物の残さである豆殻やサツマイモのツルがヤギの飼料になることを学習する．5～6 年生は総合的な学習のテーマに「つながるいのち」を選んで，ヤギの糞を利用して稲とトマトを栽培することにした．また，子ヤギを産んだ母ヤギが出してくれるミルクを搾り，どんな食べ物にできるか加工調理にも挑戦することになり，資源が循環利用されることを学んだ（図 15.3）．

15.3.3 知的障害児とヤギとの触れ合い授業

新潟県立 T 特別支援学校では，重度な障害を持つ児童の心の発達を促すために「ヤギの授業」に注目し，I 農園を訪ねてきた（図 15.4）．

5 月と 6 月には I 農園の 2 頭の子ヤギが学校を訪問して，児童達と触れ合いの時間を持った．はじめは近づくことができなかった児童が 2 回目には子ヤギのそばに寄って哺乳ビンでミルクを飲ませ，キャベツの葉を子ヤギに与えるようになった．

7 月と 9 月には I 農園を遠足で訪ね，庭でヤギと遊びことができた．誰とも交わることのできなかった障害を持つ児童が自分からヤギを追いかけていた．

10 月にはサツマイモの収穫に山の畑にいき，広い畑の中を走り回り，ヤギや犬と一緒にサツマイモを食べた時間は，障害を持つ児童の心にたくさんの感動を与えることができた．

(a) ヤギはクラスメイト

(b) 子ヤギ誕生

(c) 農園へ遠足

図 15.4　ヤギの授業（今井明夫撮影）

15.3.4　学校ヤギ飼育の課題と対応策

学校におけるヤギ飼育の課題と対応策を表 15.2 のようにまとめた．

表 15.2 学校におけるヤギ飼育の課題と対応策

課　題	対応策
ヤギの飼育には小屋や飼料，診療費などの経費がかかる	
家畜の飼育には休みがない	当番を決めて交代で世話をする
教師に飼育体験がない	近隣のヤギ飼育者が指導する
健康管理の相談	メール相談に対応し，近くの獣医師を紹介する
エサの確保に苦労する	それがヤギ飼育の大きな意義でもある
繁殖（種付け）をどうするか	秋に雄ヤギが学校を巡回する
卒業するヤギの引取り	新潟県ヤギネットワークで引受先を探す

15.3.5　ヤギのアニマルセラピーへの活用と生命教育

　人類史を紐解くと，古代における動物と人間の精神的なかかわりは，動物による癒やし効果をもたらすアニミズムとシャーマニズム（Eliade, 1967）にたどり着くことができる．近世では，精神医療施設へ動物導入が開始され，20世紀には科学的検証に基づく医学の発展により人間と動物とのかかわりからもたらされる治療効果がイヌ，ウマなどで報告された（横山，1996）．今後，さらに客観的指標による効果測定が待たれるところであり，高齢者の認知症予防，障害者のリハビリテーションや生産作業活動への広がりも含め，ヤギを用いた「アニマルセラピー」はしだいに社会認識が高まってくると思われる．

　a.　関連する動物介在活動の分類

　少し整理すると，特別な治療上の目標はなく，活動はボランティアの自主性に任され，必ずしも医療従事者の参画の必要ない動物介在活動"Animal-assisted activity"，精神的，身体的な障害治療に医師，看護師，理学療法士，作業療法士，言語聴覚師など専門的な医療スタッフおよびソーシャルワーカーが治療計画および目標を立て，記録やその治療効果を評価する動物介在療法"Animal-assisted therapy"，そして飼育動物から正しい動物とのふれあい方や命の大切さを学ぶプログラムとしての動物介在教育"Animal-assisted education"に分類できる．現在，国内で多く実施されているのは最初にあげた動物介在活動"Animal-assisted activity"である．

　b.　家畜生産の現状と生命教育

　一方，家畜の飼育現場では大規模化が進み，衛生管理の観点からきわめて閉鎖的な環境で生産が行われている．こうした経緯で，一般市民は，本来"生きた動物"が存在する畜産を日常みる機会はなく，畜産物製品を通してのみの認

識となり，いわば"家畜を物として視る"傾向が強くなりがちである．近年，日本のヤギ頭数はめっきり減ってしまったが，乳用または肉用の家畜として，世界を見わたすと，各地域のさまざまな気象条件に順応する環境適応力の高さや扱いやすい大きさの体格などから，年々飼育頭数が増えつつある．耕作放棄地が増えている国内での今後の動向に注目したい．学校飼育動物で前項でも述べられているが，日頃，目にする家畜がやがて人間の食料になる"事実"をきちんと理解させておく"生命教育"として教育プログラムに是非組み込んでほしいと願っている．

c. 動物介在活動の精神的癒し効果

ある教育施設で筆者らが実施した，ヤギを使った動物の癒やし効果試験を紹介する．小学生，中学生，高校生および大学生に生後4カ月の子ヤギに触れてもらい，触れ合い前，触れ合い中，触れ合い後の心理的指標のアンケート結果ではマイナス要因のすべてが下がり，ヤギと触れ合うことによる効果が認められ，プラス要因"活気"は触れ合い前と変化がなかった．また，生理評価では，女子に限ってヤギ触れ合い後に血圧値が下がり，その後，持続した（図15.5）．すなわち，ヤギ触れ合いによるリラックス効果が認められた（図15.6）．

〔今井明夫・安部直重〕

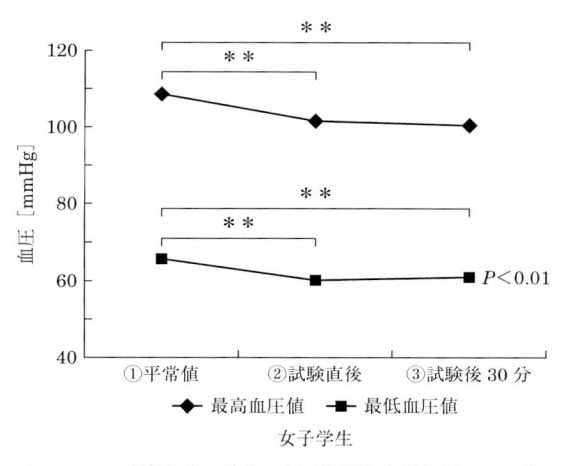

図 **15.5** ヤギ触れ合い前後の血圧値変動（三村ほか，2006）

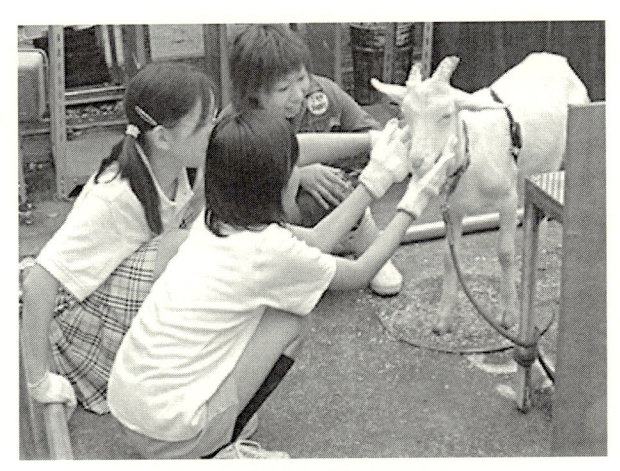

図 **15.6** 癒し効果試験（安部撮影）

参 考 文 献

Eliade, M.（1967）：Myths, Dreams and Mysteries. Trans. Philip Mairet, Harper & Row, New York.
今井明夫・阿見みどり（2011）：ヤギのいる学校，銀の鈴社．
今井明夫監修（2011）：ヤギと暮らす，地球丸．
木村吉彦（2004）：生活科の新生を求めて，日本文教出版．
三村真紀・髙崎宏寿・安部直重（2006）：ヤギは動物触れ合い活動の対象動物に成り得るか？ 第12回ヒトと動物の関係学会講演要旨．
　http://www.hars.gr.jp/taikai/12th.taikai/12thconference.htm#program
文部科学省（2008）：小学校学習指導要領解説：総合的な学習の時間編．
横山章光（1996）：アニマルセラピーとは何か，NHKブックス．

索　引

欧　文

ADF　60, 84
AFRC　59, 61
AIGR　51, 59

CAE　173
CSIRO　59

DE　59
DNA　140

FAO　11
FSH　94, 100, 108

GnRH　94

IGA　15

LH　94, 100

ME　60
MP　64

NDF　60, 84
NE　60
NRC　59, 61

OCC　60, 84
OCW　60, 84
OMIA　142

PGF2α　109
PMSG　108
P/S 比　131

QTL　146, 149

RXFP2　144

TDN　60
TSE　22

α_{S1}-カゼイン　117

β-ラクトグロブリン　117

γ-グロブリン　179

ア　行

噯気　54
アイベックス種　1, 7, 136
アサード　133
遊び　41
後産　41, 48
アニマルセラピー　208
アラパワ種　8
アルパイン種　5, 7, 16, 20, 27, 95
アングロヌビアン種　16
アンゴラ種　5, 18, 147, 148
アンセリン　129
アンドロジェン　98, 99
アンモニア　34, 55, 57

硫黄　67
一酸化炭素　34
遺伝子　140
遺伝子座　146
遺伝的改良　147
遺伝的分散　146
緯度　33
移動　39
移動放牧　201
稲ワラ　89
陰茎　99
飲水量　35, 45

ウエストアフリカンドワーフ　146, 148
うずくまり　38
ウレアーゼ　57

栄養要求度　44
液状保存　104
エストロジェン　93
枝肉　51
枝肉歩留　126
エネルギー要求量　59
エルシニア症　174
エンテロトキセミア　167

黄体ホルモン　95, 107
オキシトシン　111
沖縄肉用山羊　20
音　34
オレイン酸　91
音圧　34
温室効果ガス　188
温湿度指数　32
温度受容器　31
温熱環境　30
温熱中枢　31

カ　行

解繊処理　91
外敵　45
外部寄生虫症　35, 168
外部生殖器　93
改良草地　43
化学的環境　30, 34
化学的代謝量　33
掻き傷　38
可視光線　34
カシゴラ種　5
カシミヤ　5, 13, 19, 135
カシミヤ種　5, 151
カシミヤ毛　147
可消化エネルギー　59
可消化養分総量　60
過剰排卵処置　108
カス類　80
カゼイン　116
カゼインミセル　117
家畜化　1, 9
家畜改良増殖法　155, 159
家畜改良増殖目標　155

索引

家畜伝染病　35
家畜福祉　196
家畜糞尿　184
可聴周波数域　25
学校飼育動物　204
カテコールアミン　31
カード　13
カヘータ　17
過放牧　187
カリウム　67, 119
カルシウム　34, 65, 119
カルシウム／リン　65
環境負荷　188
環境要因　30
韓国在来種　2
感蒸泄　31
間性　144, 158
汗腺　31
乾草　43, 82
乾乳　114
カンビンカチャン種　1, 14
乾物収量　43
乾物消化率　85
乾物摂取量　26
感冒　167
潅木　36
乾酪性リンパ節炎　168
寒冷中枢　31

ギー　13
気管支肺炎　167
キコ種　4, 7
寄生虫症　166
季節繁殖　27, 34, 40, 107
基礎登録　160
キッドスキン　137
キノコ廃菌床　90
揮発性脂肪酸　26, 54
逆説睡眠　38
逆選抜　9
求愛行動　40
嗅覚　25
給水　45
休息行動　37, 195
牛乳アレルギー　117
強害雑草　37
驚愕反応　34
共役リノール酸　118
去勢　9
筋間脂肪　129

キンダー種　5
筋肉組織　125
筋肉内脂肪　129

空気中の有害物質　34
駆虫薬　177
グラステタニー　67, 87
クリオロ　148
くる病　65, 87
黒ヤギ　2, 9

傾斜度　33
繋牧　44, 183, 197, 200
毛色　2, 4, 7, 142
毛繕い　40
欠失　145
血乳　46
ケトーシス　171
ゲノム　149
ケフィア　121
ゲーム理論　189
ケラチン遺伝子　151
ケラチン関連遺伝子　151
下痢症　170
限界傾斜角度　26
限性遺伝　142
顕熱放散　31

効果器　31
攻撃行動　42
耕作放棄地　28, 43, 197
麹菌　89
後肢立ち　28, 36
高張力鋼線　201
口蹄疫　173
行動生態学　189
行動連鎖　40
交尾行動　40
抗病性　147
候補遺伝子アプローチ　149
高密度飼育　39
誤嚥性肺炎　167
呼吸数　28, 31
個体維持行動　36
個体標識　48
鼓脹症　28, 83, 86, 166
骨粗鬆症　65, 87
固定牧柵　200
ゴートスキン　137
子ヤギ肉　19

コラーゲン　138
ゴールデンガンジー種　8
コーンコブ　90
混牧　41, 44

サ　行

採食行動　36, 39
採食時間　42
採草　77
採草地　43
臍帯炎　170
最適採餌理論　190
最適理論　189
サイレージ　43, 81, 91
酢酸　55, 56
削蹄　48
搾乳　112
作物残渣　26
ササ　90
サテ　133
ザーネン種　5, 7, 16, 20, 27, 95, 147
砂漠化　187
サバンナ種　5
サンクレメンテ種　8
産子登録　161
産褥熱　172
産肉能力　156

飼育密度　39, 42, 195
使役ヤギ　6
舐塩台　46
紫外線　34
時間制限放牧　44
趾間腐爛　168
子宮　93
子宮頸　93
嗜好性　35, 43, 85
脂質　118
歯床板　36
雌性間性　145
自然交配　27
自然哺乳　47
質的形質　141
尻尾振り　38
肢蹄不良　168
シバヤギ　2, 20, 27, 146
脂肪球　119
舎飼い　42, 193

索　　引

213

社会構造　35
社会行動　36, 39
社会的環境　30, 35
社会的順位　39
社会的探査行動　38, 41
ジャムナパリ種　3, 5, 14, 148
ジャンベ　10
獣害対策　199
従性遺伝　142
周年繁殖化　27, 40
周年繁殖動物　40
周波数　34
収容方式　42
受精卵移植　108
出費／利益　191, 193
瞬間摂食速度　192
飼養衛生管理基準　174
消化性　35
松果体　95
消化能力　26
硝酸中毒　87
脂溶性ビタミン　56, 67, 87
常染色体　142
情操教育　204
消毒　175
消毒薬　175
小農型　13
蒸発　31
飼養標準　68
正味エネルギー　60
除角　48
植生管理　197
植生破壊　186
食草行動　191
除草　22, 28
食塊　37
初乳　47, 112, 179
暑熱ストレス　32
徐波睡眠　38
飼料　35
飼料安全法　81
飼料採食競合　39
飼料作物　77
飼料木　78
ジルジェンタナ種　7
塵埃　34
人工授精　100
人工心臓　28
人工草地　43
人工乳　47

人工哺乳　47, 114
審査委員　164
腎臓結石　65
心拍数　27
親和関係　35
親和行動　40

スイスマーキング　7
水分代謝回転速度　27
水分要求量　27
睡眠　38
水溶性ビタミン　56, 68, 87
スパニッシュ種　4
棲み分け　195
擦り付け　38, 40

精液採取　101
精液性状　100
制限給餌　39
性行動　40
生産限界温度　33
生産効率　33
精子　102
性成熟　95
精巣　98
性的誇示　40
性的探査行動　40, 41
生物的環境　30, 35
セイブル種　7
生命教育　209
赤外線　34
接触　40
絶対的直線順位型　39
先行・後追い放牧　44
先住期間　39
染色体数　142, 149
浅速呼吸　38
潜熱放散　31
選抜　157

双角子宮　93
相加的遺伝分散　146
総合的な学習の時間　205
掃除刈り　44
相対的直線順位型　39
草地　43
粗飼料　26
ゾーニング　199

タ　行

第一胃内微生物　56
体温　27
体温調節（行動）　27, 30, 38
体温調節中枢　30
体感温度　31
代謝　56
代謝エネルギー　60
代謝エネルギー摂取量　33
代謝エネルギー要求量　62
代謝性蛋白質　64
代謝体重　60
帯状放牧　44
体熱の平衡　31
体熱の放散経路　31
体熱放散　31
堆肥化　185
胎便　48
代用乳　47
対立遺伝子　143
対流　31
竹　90
ダッチ種　8
ダニ　121
探索　38
炭酸ガス　34
タンニン　35
蛋白質　55, 57
蛋白質要求量　63

地球温暖化　188
致死遺伝子　142
チーズ　13, 16
地勢的環境　30, 33
腟　93
腟前庭　93
腟脱　171
貯蔵飼料　43

角　1, 4, 7, 10, 144

低カルシウム血症　67, 171
低体温症　169
定置放牧　201
低マグネシウム血症　56
適温域　33
敵対行動　39, 42, 194
テネシーフェインティングゴー

ト種　4, 7, 8
電気柵　45
電気牧柵　199
伝染性膿疱性皮膚炎　174
伝達性海綿状脳症　49, 148, 173
伝導　31

銅　67
凍結保存　104
逃避反応　41
トウフカス　80, 82, 90
動物介在活動　208
動物介在教育　208
動物介在療法　208
闘ヤギ　9, 21
登録業務委託団体　160
トカラヤギ　2, 10, 27, 146
土壌流亡　186
屠畜　49
と畜場　22
トッゲンブルグ種　5, 7, 16, 20, 27
届出伝染病　172
トリパノゾーマ症　148
トリプシンインヒビター　79

ナ　行

ナイゴラ種　5
ナイジェリアンドワーフ種　5, 6
内部寄生虫症　35, 148
ナトリウム　65
舐め行動　41
なめし　138

におい嗅ぎ　40
肉用種　3, 4, 164
二酸化硫黄　34
日光浴　38
日射病　169
日照時間　95, 107
日中分娩　27
日本在来種　2, 27, 146
日本ザーネン種　3, 20, 155
日本飼養標準　58
日本山羊登録規程　159
乳及び乳製品の成分規格等に関する省令　23

乳酸発酵　81
乳脂肪　55
乳脂率　8
乳腺　110
乳腺細胞　110
乳腺槽　110
乳腺胞　110
乳糖　55
乳頭　110, 146
乳頭槽　110
乳肉兼用種　5
乳熱　65, 171
乳房　110
乳房炎　46, 172
乳用種　3, 5, 163
乳量　156
尿素　57
尿素処理　89
尿路結石　65
妊娠期間　27, 97
妊娠診断　97

ヌカ類　79
ヌビアン種　3, 5, 7, 20

熱産生量　31
熱射病　169
熱性多呼吸　38
熱的中性圏　32
熱放散量　31

農業基本法　21
濃厚飼料　79
脳脊髄糸状虫症　28, 148, 168
膿瘍　168
野ヤギ　19, 186
ノンレム睡眠　38

ハ　行

配合飼料　81
排泄行動　38
肺虫症　167
バイトサイズ　192
排尿　38
胚の移植　109
排糞　38
バガス　89
バゴット種　8
パシュミナ　147

破傷風　174
バター　13
波長　34
発汗　31
パックゴート　6
発酵混合飼料　180
発酵TMR　84
発酵乳　121
発情　95
　──の持続時間　106
　──の同期化　109
発情兆（徴）候　27, 95
発情誘起処置　107
パッチ　190
バーバリ　146, 148
パライス・ブラックネック種　8
繁殖能力　156
反芻胃　51
反芻行動　37
反芻時間　37
反芻動物　1, 26, 28
伴性遺伝　142
伴侶動物　22

庇陰行動　38
庇陰舎　46
庇陰林　45
皮下脂肪　129
光　34
光周期　34
皮筋による震撼　38
ピグミーゴート種　5, 6
ピゴラ種　5
微生物体蛋白質　54, 56
非相加的遺伝分散　146
ビタミンA　56, 58, 67, 87
ビタミンB群　54, 56, 58, 68
ビタミンC　56, 58, 68
ビタミンD　34, 56, 58, 65, 67, 87
ビタミンE　56, 58, 67, 87
ビタミンK　47, 54, 58, 67, 87
ビータル種　5, 14
泌乳能力　156
泌乳量　113
皮膚血管　31
非ふるえ産熱　31
表現型　146
病原体　35

標高　33
鼻梁　3, 7

不感蒸泄　31
不完全優性　142
副腎髄質　31
副生殖腺　98
副乳頭　110, 146
双子率　27
物理的環境　30, 34
物理的代謝量　33
腐蹄症　168
踏みつけ　43
ブラックザーネン　7
フリーマーチン　144
ふるえ産熱　31
フレーメン　40
ブロッチョ　121
プロバイオティクス　121, 180
プロピオン酸　55, 56
プロラクチン　111
分娩　48
分娩間隔　27

ベゾアール　1, 7
片眼視野　25

ボア種　4, 8, 18, 51, 53, 126
方位　33
放射　31
法定伝染病　172
放牧　43, 176, 191, 197
放牧施設　45
放牧地　43
ホエイ蛋白質　117
牧柵　43, 45, 198
牧草　76
牧草地　43
本登録　161

マ 行

マーカーアシスト選抜　149
マグネシウム　65
マーコール　1, 7
まどろみ　37, 38

ミオグロビン　129
味覚　25, 37
水　35, 68
身繕い行動　35
ミネラル　64, 87

無角　7
無角遺伝子　144, 145
群がり　38
群の大きさ　42

メタン　34, 188
メラトニン　95
免疫グロブリン　179
メンデルの法則　141

毛皮用種　5
毛用種　5, 8
木質系バイオマス　90
モヘア　5, 18, 19, 135, 147

ヤ 行

ヤギ革（皮）　10, 137
ヤギ関節炎・脳脊髄炎　47, 174
ヤギ臭　133
ヤギ肉　9, 14, 18, 53, 128
ヤギ乳　14, 16, 114
ヤギ乳チーズ　120
ヤギの体型　162
ヤギの体尺測定要領　162
山羊泌乳能力審査証明書　161
ヤギ糞　26, 185
ヤギ毛　135
薬膳　9
薬用植物　88
野生化ヤギ　8, 26, 186
　小笠原諸島の――　8
野草　76, 78
野草地　43

有機畜産基準　42
有刺灌木　37
優性効果　146
有畜複合農業　182, 183
有毒植物　35, 43, 87, 169, 202

遊牧　9
遊牧型　12
遊牧地域　41
遊牧民　1
優劣関係　39
輸送　49

腰麻痺　28, 168
余剰飼料摂取量　70
ヨーネ病　148, 172

ラ 行

酪酸　55, 56
ラマンチャ種　5, 7
卵管　93
卵巣　93
卵胞ホルモン　95

リコッタ　121
立毛筋　31
離乳　39, 48, 114
リノール酸　91, 127, 131
硫化水素　34
流産　170
両眼視野　25
量的形質　145
リン　34, 65
輪換放牧　44, 180
林畜複合生産システム　44
林内放牧　44, 46

ルーメン　26, 28, 54
ルーメン内滞留時間　192
ルーメン内微生物　86, 90, 127
ルーメン発酵　31, 84

レッドソコト種　5
レム睡眠　38
連続放牧　43

ワ 行

矮性　6

編集者略歴

中西 良孝
（なかにし よしたか）

1956年　香川県に生まれる
1987年　九州大学大学院農学研究科博士課程所定の期間在学の上退学
現　在　鹿児島大学農学部教授
　　　　農学博士

シリーズ〈家畜の科学〉3
ヤギの科学　　　　　　　　　定価はカバーに表示

2014年10月10日　初版第1刷
2022年12月25日　　　第4刷

　　　　　　　　編集者　中　西　良　孝
　　　　　　　　発行者　朝　倉　誠　造
　　　　　　　　発行所　株式会社　朝　倉　書　店

　　　　　　　　東京都新宿区新小川町6-29
　　　　　　　　郵便番号　162-8707
　　　　　　　　電　話　03(3260)0141
　　　　　　　　ＦＡＸ　03(3260)0180
　　　　　　　　https://www.asakura.co.jp

〈検印省略〉

© 2014　〈無断複写・転載を禁ず〉　　　　中央印刷・渡辺製本

ISBN 978-4-254-45503-8　C 3361　　Printed in Japan

JCOPY　〈出版者著作権管理機構　委託出版物〉

本書の無断複写は著作権法上での例外を除き禁じられています．複写される場合は，そのつど事前に，出版者著作権管理機構（電話 03-5244-5088, FAX 03-5244-5089, e-mail: info@jcopy.or.jp）の許諾を得てください．

好評の事典・辞典・ハンドブック

火山の事典（第2版） 　　下鶴大輔ほか 編　B5判 592頁

津波の事典 　　首藤伸夫ほか 編　A5判 368頁

気象ハンドブック（第3版） 　　新田 尚ほか 編　B5判 1032頁

恐竜イラスト百科事典 　　小畠郁生 監訳　A4判 260頁

古生物学事典（第2版） 　　日本古生物学会 編　B5判 584頁

地理情報技術ハンドブック 　　高阪宏行 著　A5判 512頁

地理情報科学事典 　　地理情報システム学会 編　A5判 548頁

微生物の事典 　　渡邉 信ほか 編　B5判 752頁

植物の百科事典 　　石井龍一ほか 編　B5判 560頁

生物の事典 　　石原勝敏ほか 編　B5判 560頁

環境緑化の事典 　　日本緑化工学会 編　B5判 496頁

環境化学の事典 　　指宿堯嗣ほか 編　A5判 468頁

野生動物保護の事典 　　野生生物保護学会 編　B5判 792頁

昆虫学大事典 　　三橋 淳 編　B5判 1220頁

植物栄養・肥料の事典 　　植物栄養・肥料の事典編集委員会 編　B5判 720頁

農芸化学の事典 　　鈴木昭憲ほか 編　B5判 904頁

木の大百科［解説編］・［写真編］ 　　平井信二 著　B5判 1208頁

果実の事典 　　杉浦 明ほか 編　A5判 636頁

きのこハンドブック 　　衣川堅二郎ほか 編　A5判 472頁

森林の百科 　　鈴木和夫ほか 編　A5判 756頁

水産大百科事典 　　水産総合研究センター 編　B5判 808頁

価格・概要等は小社ホームページをご覧ください．